四川省 2021—2022 年度重点图书出版规划项目

多端混合直流输电技术丛书

多端混合直流输电系统建模仿真及试验

邢　超　陈仕龙 ◎ 著

西南交通大学出版社

·成　都·

内容简介

本书以昆柳龙特高压直流输电工程为研究对象，在介绍昆柳龙特高压直流输电工程系统结构、参数、控制方式的基础上详细讲述如何建立特高压多端混合直流输电系统仿真模型，分析交流侧、换流阀、直流线路典型故障下的电磁暂态特性，并对实际工程录波波形进行分析。本书首先按照换流器类型、换流站端数、电压等级对直流输电系统进行分类；其次介绍昆柳龙特高压直流输电系统主拓扑结构、一次设备参数、控制方式；接着建立特高压多端混合直流输电控制系统仿真模型，对典型交流侧故障、换流阀故障、直流线路故障进行仿真分析；最后研究典型交流侧故障、换流阀故障、直流线路故障时的录波波形。

本书适用于从事直流输电技术研究和应用的技术人员及工程师，也适合作为高等院校电气工程专业教师、研究生、本科生的教材或教学参考书。

图书在版编目（CIP）数据

多端混合直流输电系统建模仿真及试验 / 邢超，陈仕龙著. —成都：西南交通大学出版社，2021.11
ISBN 978-7-5643-8303-9

Ⅰ. ①多… Ⅱ. ①邢… ②陈… Ⅲ. ①直流输电 – 系统建模②直流输电 – 系统仿真 Ⅳ. ①TM721.1

中国版本图书馆 CIP 数据核字（2021）第 205920 号

Duoduan Hunhe Zhiliu Shudian Xitong Jianmo Fangzhen ji Shiyan
多端混合直流输电系统建模仿真及试验

邢　超　陈仕龙 / 著

出　版　人 / 王建琼
策划编辑 / 李芳芳
责任编辑 / 李芳芳
封面设计 / 吴　兵

西南交通大学出版社出版发行
（四川省成都市金牛区二环路北一段 111 号西南交通大学创新大厦 21 楼　610031）
发行部电话：028-87600564　028-87600533
网址：http://www.xnjdcbs.com
印刷：四川玖艺呈现印刷有限公司

成品尺寸　185 mm×240 mm
印张　15.25　字数　289 千
版次　2021 年 11 月第 1 版　印次　2021 年 11 月第 1 次

书号　ISBN 978-7-5643-8303-9
定价　128.00 元

前言

昆柳龙特高压直流输电工程是落实"西电东送"战略、促进清洁能源消纳的重要举措，也是实现资源优化配置、服务粤港澳大湾区建设的现实需要。该工程采用更加经济、更为灵活运行的多端直流系统，其技术优点在于突破了受端电网系统影响较大的瓶颈，同时该技术也代表着直流输电技术未来的发展方向。该工程是世界第一条特高压大容量多端混合直流示范工程，首次采用常规直流和柔性直流混合系统工程，首次挑战"特高压柔直+长距离架空线路"组合技术，集最前沿的电网技术于一体，在直流输电方面有重大的技术创新。

为了对特高压多端混合直流输电工程有一个较全面的了解，本书从直流输电介绍、一次及二次系统、输电系统模型、故障仿真和现场试验五个方面对特高压多端混合直流输电工程技术特点及研究成果进行总结。

全书共分为 5 章：第 1 章，从换流站的类型、数目和电压等级三个方面对直流输电工程进行分类及介绍；第 2 章，以昆柳龙直流输电工程为背景，对特高压多端混合直流输电系统一次设备、二次系统控制策略进行阐述；第 3 章，依据昆柳龙直流输电工程实际参数，建立特高压多端混合直流输电系统仿真模型；第 4 章，进行交流系统故障、换流站故障、输电线路故障仿真，分析不同类型故障下特高压多端混合直流输电系统的暂态特性；第 5 章，对昆柳龙直流输电工程现场试验数据进行处理，分析实际运行过程中不同类型故障下特高压多端混合直流输电系统的暂态特性。

昆明理工大学电力工程学院毕贵红教授和天津大学自动化学院车延博教授对本书进行了指导，参与本书各章节整理工作的有蔡旺、李朋松、邓健、高敬业、王龙、陈臣鹏、张梓航、陈俊澔、蔡潇、庄启康、赵鑫等研究生，在此向他们表示最真诚的感谢！

　　本书有幸得到了国家自然科学基金（52067009 特高压多端混合直流输电线路行波边界保护研究）和云南电网有限责任公司科技项目（基于直流换流站多场景仿真的控保及调控辅助校核技术研究和应用）等项目的资助。同时还得到云南电网有限责任公司电力科学研究院李胜男、马红升、奚鑫泽、刘明群、徐志、何鑫、姜訸、卢佳、马遵、邓灿等专家的鼎力支持，特此致谢！

　　本书在撰写过程中，参考和引用了国内外专家与学者的相关研究成果，在此谨向他们表示衷心的感谢！

　　由于作者水平有限，加之时间仓促，不妥之处在所难免，敬请各位专家和读者给予批评指正。

邢 超

2021 年 9 月

目录

第1章　直流输电概况

1.1　直流输电的发展

直流电是最早的发电、输电和用电方式，但直流电机结构复杂，运行费用高，可靠性差，难以实现远距离、大容量的输电。

第一次远距离输电：1882 年，法国物理学家多普勒，用装在斯巴赫煤矿中的直流发电机，以 1.5 ~ 2 kV 直流电压，沿 57 km 的电报线路，把 1.5 kW 电力送到在慕尼黑举办的国际展览会上。

1889 年，法国用直流发电机串联，以 125 kV 直流电压，沿 230 km 线路，把 20 MW 电力从毛梯埃斯（Moutiers）送到里昂（Lyon）。

1888 年三相交流电的出现是电工技术发展的一个重要里程碑，交流输电能方便又经济地升高或降低电压，使远距离输电成为可能。因三相交流发电机和电动机结构简单，价格低，容量大；三相交流电气设备效率高，运行维护简单，因此，在此时期，交流输电发展极为迅速，并取得了主导地位。

随着输送距离的增长和送点容量的增大，交流输电在发展过程中也遇到了问题：系统稳定问题使输送功率受到了限制，无功问题限制跨海及地下电缆输电距离。此时，人们又注意到直流输电所具备的诸多优点，如不存在运行稳定问题、线路造价低、损耗少、不存在无功问题等优点，因此继续对直流输电加以研究运用。但在当时发电和用电领域大多应用交流电的情况下，要采用直流输电，必须进行换流才能实现，因此，之后的直流输电发展就与换流技术发展建立了十分密切的关系。围绕换流技术的发展，直流输电的发展经历了汞弧阀换流时期、晶闸管阀换流时期及全控型器件换流时期，人类社会发展也步入现代社会。

在直流输电领域，中国有着先天优势。从 20 世纪 80 年代末以来，我国高压直流输电技术的研究和发展取得了突飞猛进的提高，为实现"西电东送"战略规划，我国正在积极推进包括 ± 660 kV、± 800 kV、± 1 000 kV（特）高压直流输电工程的建设。2010 年，我国已建成世界上第一个 ± 800 kV 特高压直流输电工程。

1.2　直流输电系统概况

直流输电系统可依据换流站的数目分为双端直流输电系统和多端直流输电系统。目前的直流输电工程大多数为双端直流。

如图 1-1 所示的交流电力系统 1、2 分别是送、受端交流系统，送端系统送出交流电经换流变压器和整流器变换成直流电，然后由直流线路将直流电输送至逆变站，经逆变器和换流变压器将直流电变换成交流电，送入受端交流系统。完成交直流变换的站称为换流站，将交流电变换为直流电的换流站称为整流站，而将直流电变换为交流电的换流站称为逆变站。

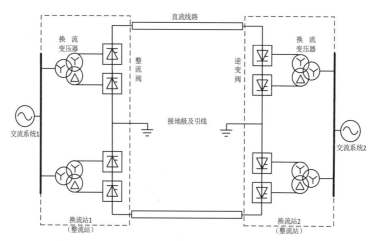

图 1-1　直流输电系统示意图

两端直流系统是指只有一个整流站和一个逆变站的直流输电系统，它与交流系统只有两个接口，是结构最简单的直流输电系统。两端直流输电系统又可分为单极、双极和背靠背直流输电系统三种类型。

单极输电系统如图 1-2 所示，可以分为大地回流方式和导体回流方式（虚线断开时是大地回流方式，虚线连接时是导体回流方式）。

双极输电系统如图 1-3 所示，可以分为中性点两端接地、中性点单端接地和中性线方式（中性点两端接地为①连接，中性点单端接地为②连接，中线性方式为③连接）。

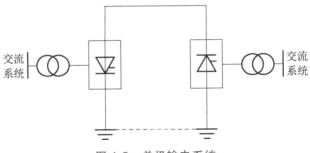

图 1-2 单极输电系统

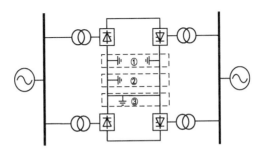

图 1-3 双极输电系统

背靠背直流输电系统如图 1-4 所示。它可以看作两组换流器通过平波电抗器反并联而成，因此称为背靠背（BTB）方式。这种方式两侧换流器设置在同一场所，没有直流输电线路，但具有快速潮流反转功能，可十分方便地用于所连交流系统的功率及频率控制。BTB 方式依据容量的需求和接地方式的不同，可进一步分为单极方式、双极方式及多组单极或双极并联方式。

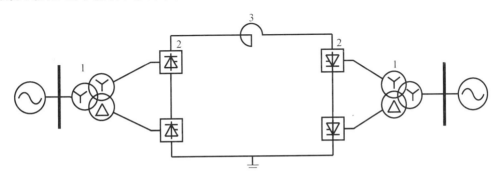

图 1-4 背靠背直流输电系统

多端直流输电系统是指由三个或三个以上换流站以及连接换流站之间的高压直流输电线路所组成，以实现多个电源系统向多个受端系统的输电系统。

多端直流输电系统可以解决多电源供电或多落点受电的输电问题，还可联系多个交流系统或将交流系统分成多个孤立运行的电网。在多端直流输电系统中的换流站，可作为整流站运行，也可作为逆变站运行，但作为整流站运行的换流站总功率与作为逆变站运行的总功率必须相等，即整个多端系统的输入功率和输出功率必须平衡。

根据换流站在多端直流输电系统之间的连接方式不同可分为并联方式和串联方式，连接换流站之间的输电线路可以是分支形成闭环形。

多端直流输电系统比采用多个两端直流输电系统更为经济，但其控制保护系统及运行操作较复杂。今后随着具有关断能力的换流阀（如 IGBT、IGCT 等）的应用及在实际工程中对控制保护系统的改进和完善，采用多端直流输电的工程应用将会更广泛。

1.2.1　传统高压直流输电系统

如图 1-5 所示，高压直流系统通过控制整流器和逆变器的内电势进而控制线路上任一点的直流电压以及线路电流（或功率）。这是通过控制阀的栅/门极的触发角或通过切换换流变压器抽头以控制交流电压完成的。运用换流器的快速控制来防止直流电流的大波动，这也是保证 HVDC 线路运行的重要前提。

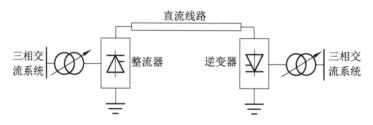

图 1-5　高压直流输电系统

高压直流输电的优点体现在如下几个方面：直流输电线路的造价和运行费用比交流输电低，而换流站的造价和运行费用比交流变电所的高。因此，以同样的输电容量，输送距离越远，直流较交流的经济性能更高；直流输电不存在功角稳定问题，可在设备容量及受端交流系统允许的范围内，大容量输送电力；直流输电具有潮流快速可控的特点，可用于所连交流系统的稳定与频率控制。直流输电的换流器为基于电力电子器件构成的电能控制电路，可见其对电力潮流的控制具有迅速且精准的特点。

直流输电也存在一系列缺点：直流输电换流站的设备多、结构复杂、造价高、损耗大、运行费用高、可靠性较差；换流器在工作过程中会产生大量谐波，因处理不当而流入交流系统的谐波会对交流电网的运行造成一系列问题。因此，必须通过设置大量、成组的滤波器来消除这些谐波。

1.2.2 双端柔性直流输电系统

两端 MMC-HVDC 单极系统结构如图 1-6 所示，换流站内包括连接变压器和换流器等设备。区别于基于相控换相技术的电流源换流器型高压直流输电，柔性直流输电中的换流器为电压源换流器（VSC），其最大的特点在于采用了可关断器件和高频调制技术。通过调节换流器出口电压的幅值和与系统电压之间的功角差，可独立地控制输出的有功功率和无功功率。这样，通过对两端换流站的控制，即可实现两个交流网络之间有功功率的相互传送，同时两端换流站还可以独立调节各自所吸收或发出的无功功率，从而对所连的交流系统给予无功支撑。

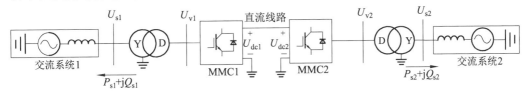

图 1-6 两端 MMC-HVDC 单极系统结构

柔性直流输电技术相比于传统直流输电技术，其共同的优点是采用电压源换流器，因而在运行性上大大超越了传统直流输电技术。主要表现如下：

（1）不存在无功补偿问题：由于传统直流输电存在换流器的触发角 α 和关断角 γ 以及波形的非正弦，需要吸收大量无功功率，因而需要滤波设备及大量的无功补偿。而柔性直流输电的换流器不仅不需要交流侧提供无功功率，且其本身能够起到静止同步补偿器（STATCOM）的作用，动态补偿交流系统无功功率，稳定交流母线电压。

（2）不存在换相失败问题：传统直流输电受端换流器（逆变器）在受端交流系统发生故障时易发生换相失败，导致输送功率中断。而柔性直流输电的 VSC 采用的是可关断器件，不存在换相失败问题。即使受端交流系统发生严重故障，只要换流站交流母线仍有电压，即可输送一定的功率，其大小取决于 VSC 的电流容量。

（3）可同时独立调节有功功率和无功功率：传统直流输电的换流器只有一个控制自由度，不能同时独立调节有功功率和无功功率。而柔性直流输电的电压源换流器具有两个控制自由度，可以同时独立调节有功功率和无功功率。

（4）谐波水平低：传统直流输电换流器会产生特征谐波和非特征谐波，必须配置相当容量的交流侧滤波器和直流侧滤波器，才能满足将谐波限定在换流站内的要求。柔性直流输电的两电平或三电平 VSC，采用 PWM 技术，开关频率相对较高，谐波落在较高的频段，可以采用较小容量的滤波器解决谐波问题；对于采用 MMC 的柔性直流输电系统，通常电平数较高，不采用滤波器也能满足谐波要求。

（5）适合构成多端直流系统：传统直流输电电流只能单向流动，潮流反转时电压极性反转而电流方向不动。因此，在构成并联型多端直流系统时，单端潮流难以反转，控制较不灵活。而柔性直流输电的 VSC 电流可以双向流动，直流电压极性不能改变，构成并联型多端直流系统时，在保持多端直流系统电压恒定的前提下，通过改变单端电流的方向，单端潮流可以在正、反两个方向调节，更能体现出多端直流系统的优势。

当然，柔性直流输电相对于传统直流输电也存在不足，主要表现在如下方面：

（1）损耗较大：传统直流输电的单站损耗低于 0.8%，两电平和三电平 VSC 的单站损耗在 2% 左右，MMC 的单站损耗可以低于 1.5%。

（2）设备成本较高：就目前的技术水平而言，柔性直流输电单位容量的设备投资成本高于传统直流输电。

（3）容量相对较小：由于目前可关断器件的电压、电流额定值都比晶闸管低，如不采用多个可关断器件并联，MMC 的电流额定值比 LCC 低。因此，相同直流电压下，MMC 基本单元的容量比 LCC 基本单元（单个 6 脉动换流器）的容量小。

1.2.3 双端混合直流输电系统

双端混合直流输电系统将 LCC 直流输电技术和 MMC 直流输电技术合理有效地结合起来，相互扬长避短，充分发挥各自的优势。

如图 1-7 所示为 LCC-MMC 型双端混合直流输电系统的拓扑结构，其整流侧由 LCC 构成，逆变侧由 MMC 构成。这种 LCC-MMC 型混合直流输电系统有如下特点：

（1）无须直流系统的潮流反转功能；

（2）相对于传统直流输电系统，其逆变站不会发生换相失败，因此避免了常规直流落点集中易发生换相失败的问题；

（3）与常规的 MMC 直流输电系统不同，在逆变站直流出口处可配置大功率二极管阀组，从而能够清除直流线路故障。

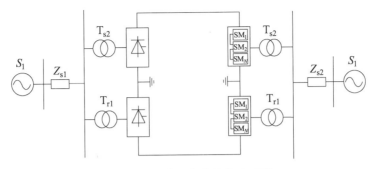

图 1-7　双端混合直流输电系统

当整流侧采用 MMC、逆变侧采用 LCC 时，即构成了适应于风电并网需求的拓扑结构。作为一种新型 VSC 拓扑结构，其不仅具有灵活高效的控制性能，而且可以有效避免由换相失败所造成的危害。这种 LCC-MMC 型混合直流输电系统有如下特点：

（1）无须直流系统的潮流反转功能；

（2）由于 MMC 具有自换相能力，可适用于非同步发电机组的功率送出，并且可利用 LCC 低损耗及低成本的优势将直流功率馈入交流电网。

由于 LCC 换流站需要改变电压极性实现潮流反转，常规半桥型 MMC 换流站需要改变电流方向实现潮流反转，且 LCC 换流站只能改变电压极性，常规半桥型 MMC 换流站只能改变电流方向。因此，LCC-MMC 型混合双端直流输电系统不易实现潮流反转，只能通过双极性接线和适当的极性开关操作，且将换流器停运后进行极性开关切换动作，才能实现重启直流系统的功率反转。

1.2.4　多端柔性直流输电系统

多端直流输电（Multi-Terminal HVDC，MTDC）是由双端 HVDC 系统发展而来，双端 HVDC 与交流系统或负载总共有两个连接端口，而 MTDC 系统存在三个或三个以上连接端口，每个端口通常配置一个换流站，能够实现多电源供电和多落点受电，单一换流站故障不会导致整个系统停运，与双端 HVDC 相比，其可靠性更高、运行方式更多样化、控制更加灵活。

MTDC 的基本结构按其主回路基本连接方式（图 1-8 中 VSC1～VSC3 分别为 3 个换流站）可分为以下几种：

（1）星形连接，具体结构如图 1-8 所示。所有换流站均连接于直流侧汇流母线处，系统中至少有一个换流站为定直流电压控制站，首先建立系统电压，其他各换流站根据调度指令实现功率和电压的控制目标。

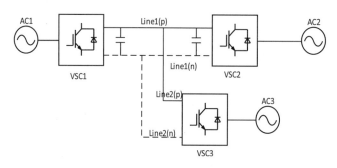

图 1-8 三端 VSC-MTDC 星形拓扑结构图

（2）环形连接，具体结构如图 1-9 所示。各换流站可与其相邻两站进行交换功率，至少有一个换流站为定直流电压控制，与星形连接类似，均属于换流站直流侧并联结构。

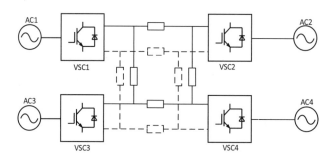

图 1-9 四端 VSC-MTDC 环形拓扑结构图

（3）串联结构，具体结构如图 1-10 所示。换流器 1、2 形成一个串联结构，由于运行的需要，需同换流器 3 并联在一起。各换流站直流线路依次串联，直流电流相同，传输功率变化将引起换流站直流端口电压变化，系统控制困难，且单一换流站退出运行后，整个 MTDC 系统只能停运，故该结构应用较少。该种结构适用于需要将低压直流系统组合成高压直流系统的场合。

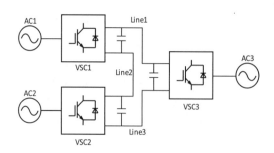

图 1-10 三端 VSC-MTDC 串联拓扑结构

（4）混合多端，具体结构如图 1-11 所示（星形连接）。直流网络各端口换流站中至少有一个为传统换流站，其中传统换流站必须连接有源系统，为避免换相失败，其所连接交流系统应为强系统，或使其工作于整流状态。混合 MTDC 系统能够有效降低系统成本，使传统直流和柔性直流系统进行优势互补。

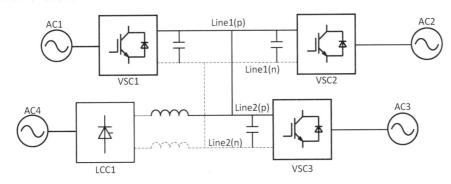

图 1-11　四端 LCC-VSC MTDC 星形拓扑结构

相对于 LCC-HVDC 系统，基于 MMC 结构的 VSC-MTDC 系统采用全控型电力电子器件以及模块化级联技术，在提高系统电压等级的同时，彻底解决了电网换相失败等问题，其优点主要有以下几个方面：

（1）能够向无源系统供电，连接低短路比的弱交流系统时无须增加额外的无功补偿装置。

（2）多端系统中各换流站可分别独立控制有功功率和无功功率，暂态过程中可对交流系统提供无功支撑，有助于交流系统短时故障恢复。

（3）运行过程中无功需求减少，无须安装大容量补偿装置，即可缩小设备占地面积，从而提高整体效率。

（4）各 VSC 换流站相互独立控制，区别于电网换相的电流源多端直流输电（LCC-MTDC）系统，若单个换流站发生换相失败后，并不会对直流网络中其他换流站产生影响。

（5）易于实现潮流翻转，传统 LCC 换流站依靠直流电压反向实现功率翻转，整个过程相对缓慢，而 VSC 换流站电流是双向的，依靠直流电流反向实现潮流翻转，响应速度快，更易于实现。

（6）模块化设计易于安装和调试，且 VSC 便于多端并联，更适合应用于多端直流网络。

1.2.5　多端混合直流输电系统

多端直流输电系统常见类型有并联型、串联型、混合型等。其中并联型技术相对简单，在调节范围、绝缘配合、运行方式和扩建灵度等方面有较大优势，故成为最为常见的多端直流输电系统类型，目前在世界上已有多个工程应用。

1. 并联混合多馈入直流输电系统

当多条直流输电线路落点于同一交流系统时，将形成多馈入直流输电（Multi-Infeed Direct Current，MIDC）系统。如果其中一条或几条直流线路是 VSC-HVDC 时，则形成并联混合多馈入直流输电系统。如图 1-12 所示为包含两条 LCC-HVDC 线路和一条 VSC-HVDC 线路的并联混合多馈入直流输电系统。

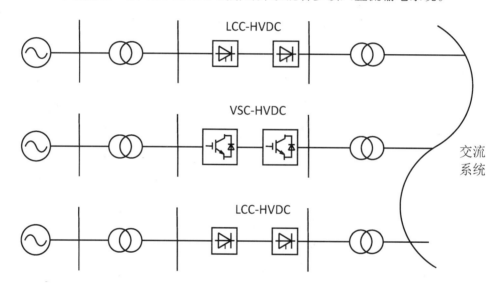

图 1-12　并联混合多馈入直流输电系统

2. 并联混合多馈入直流输电系统作用

（1）并联混合多馈入直流输电系统中 VSC-HVDC 的存在可提高 LCC-HVDC 系统的稳态运行性能。在稳态运行时，利用并联混合多馈入直流输电系统中的 VSC-HVDC 子系统可有效调节受端交流母线电压，提高其电压的稳定性、视在短路容量、LCC-HVDC 的最大输电能力，以及降低 LCC-HVDC 对受端交流系统的依赖程度。

（2）并联混合多馈入直流输电系统中 VSC-HVDC 的存在可提高 LCC-HVDC 系统的暂态运行性能。在受端交流系统发生严重故障时，LCC-HVDC 会主动退出运行进行自我保护，这样会使受端系统突然失去一个较大的功率电源支撑，可能会影响系统的频率稳定性。在交直流输电并存的系统中（如我国南方电网），LCC-HVDC 的退出，会使有功功率向交流线路转移，易引发交流线路过载问题。但在并联混合多馈入直流输电系统中，VSC-HVDC 可为 LCC-HVDC 提供动态电压支撑，提高 LCC-HVDC 对换相失败的免疫能力，降低换相失败的概率。而 VSC-HVDC 对 LCC-HVDC 性能的改善效果取决于 VSC-HVDC 的容量大小，以及 LCC-HVDC 和 VSC-HVDC 在受端电网的电气距离。

（3）并联混合多馈入直流输电系统可参与电网大停电后的恢复过程，提高电网的恢复速度。在电网恢复初期，可利用并联混合多馈入直流输电系统实现对无源网络的供电。当受端系统是无源网络时，LCC-HVDC 虽不能单独运行，但 VSC-HVDC 子系统可以为 LCC-HVDC 提供换相支撑，帮助 LCC-HVDC 启动并给相关恢复电源的厂用电供电，参与电源和网架的恢复过程。通过 VSC-HVDC 和 LCC-HVDC 的协调控制，还可以大幅度提高负荷恢复的速度。

1.3 特高压直流输电系统

1.3.1 传统特高压直流输电系统（云-广±800 kV 特高压直流输电工程）

云-广特高压直流输电系统电压等级为 ± 800 kV，直流额定功率为 5000 MW，直流额定电流为 3.125 kA。整流侧交流系统额定电压为 525 kV。逆变侧交流系统额定电压为 525 kV。整流侧配置 4 大组交流滤波器，直流滤波器的配置为每极两组三调谐滤波器，逆变侧交直流滤波器配置及参数与整流侧相同。整流侧换流变压器采用三相双绕组变压器，逆变侧换流变压器采用三相双绕组变压器。

母线各装设 2 台 75 mH 的干式平波电抗器，逆变侧平波电抗器设置及参数与整流侧相同。整流站和逆变站的换流阀采用每极 2 个 12 脉动换流单元串联接线的连接方式，2 个 12 脉动阀组串联电压按 ±（400+400）kV 分配。云-广特高压直流输电系统如图 1-13 所示。

云-广 ± 800 kV 特高压直流输电工程西起云南省楚雄市禄丰县，东至广东省广州市，途经云南、广西、广东三省（区），线路全长 1373 km，由楚雄换流站、穗东换流站和直流输电线路三部分组成，将云南小湾水电厂、金安桥水电厂的水电通过特高压直流输电线路输送到广东电网。该工程于 2006 年 12 月 19 日开工建设，2009 年 6 月 30 日单极投产，2010 年 6 月 18 日双极竣工投产。

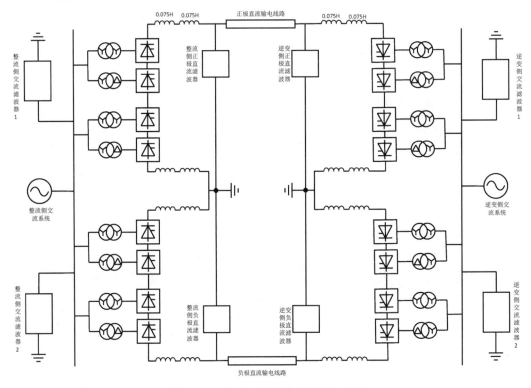

图 1-13　云-广特高压直流输电系统

该工程为世界上第一个 ±800 kV 特高压直流输电工程，成为当时电压等级最高、输送容量最大的高压直流输电工程。它的建成投运，标志着我国电力技术、装备制造水平在高压直流输电领域进入世界领先行列。由于该工程的开创性意义，于 2009 年荣获"亚洲最佳输配电工程奖"。

1.3.2　特高压多端混合直流输电系统（昆柳龙特高压多端直流输电工程）

昆柳龙多端直流输电工程采用并联接线方式，每极为双 12 脉动阀组串联。昆柳龙直流馈入前，广东已通过 9 回直流馈入"西电"约 3.2 GW，且落点集中于珠江三角洲区域，多直流同时换相失败、交直流交互影响问题突出，严重威胁广东电网的安全稳定运行。在此背景下，广东侧换流站采用电网换相换流器（Line Commutated Converter，LCC）将进一步加深广东电网交直流交互影响的问题和风险，降低系统安全稳定水平，威胁自身及已有直流系统的安全运行。不同于 LCC，电压源换流器（Voltage Source Converter，VSC）不存在换相失败的问题，且在系统电压异常时，不仅不会吸收交流系统无功功率，还能迅速反应向交流系统提供一定容量的无功支援，对改善受端电网电压稳定及已有常规直流运行环境都极为有利。因此，广东侧和广西侧换流站采用 VSC，云南侧换流站按 LCC 考虑。

昆柳龙特高压多端直流输电工程采用并联型三端混合直流输电接线方式，系统包含三个换流站，每个换流站均采用常规特高压直流的拓扑结构，即双极对称的接线方式，每个极由高压换流器和低压换流器串联形成，三个换流站通过直流线路和汇流母线形成并联。其拓扑结构如图 1-14 所示，其中首端换流站为常规直流站，中间换流站和末端换流站为柔性直流站，首端换流站和末端换流站分别通过线路 1 和线路 2 连接至位于中间换流站内的汇流母线上。

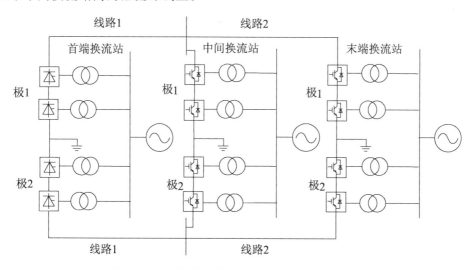

图 1-14　昆柳龙特高压混合三端直流输电系统

昆柳龙多端直流输电工程额定电压为 ±800 kV，云南送端额定容量为 8 GW，广东、广西受端额定容量分别为 5 GW 和 3 GW。直流线路全长 1489 km，其中云南至广西、广西至广东段分别为 932 km 和 557 km。

1.3.3　特高压两端混合直流输电系统（白鹤滩特高压两端直流输电工程）

位于金沙江上的白鹤滩水电站于 2017 年开工，装机容量为 16 GW，为建设"西电东送"工程，白鹤滩水电将通过 ±800 kV 直流线路向江苏省输送，预计首期建成 10 GW 传输容量的特高压直流工程。

白鹤滩特高压直流工程主电路拓扑结构如图 1-15 所示。由于白鹤滩侧换流站始终保持自西向东输电方式，不存在功率翻转等现象出现，所以采用适合高压大容量的 LCC 形式进行传输，为降低谐波含量，LCC 为双极 12 脉动连接方式。对于负荷较大的地级市常州，仅作为接收电能的受端，故仍采用 LCC 换流器以满足大功率交换，且该双极 LCC 换流站将 ±800 kV 降为 ±400 kV，达到了 MMC 换流站的直流电压等级。对于昆山、吴江、车坊等负荷较小的地点，采用双极 MMC 换流站（图中标号相同的接地点为同一点），由于 MMC 可以实现功率翻转，当任意一个落点功率过剩时，可以将功率通过 ±400 kV 直流线路传输至其他落点，以维持电网稳定运行。

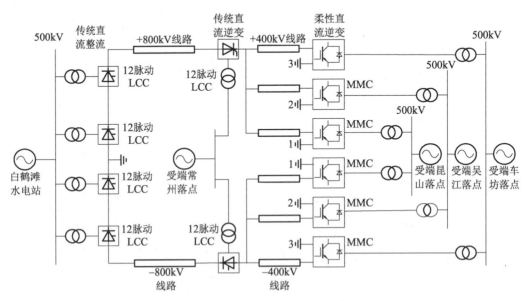

图 1-15　白鹤滩特高压两端直流输电系统

电网换相型换流器（Line Commutation Converter，LCC）直流系统可以满足其高压大容量的要求，技术已非常成熟，但其存在换相失败、无法提供无功支撑、功率无法翻转等缺点，且其交流端口谐波含量大，所需配置的滤波器占地面积较大。模块化多电平换流器（Modular Multilevel Converter，MMC）具有谐波含量低、功率可翻转、可提供无功支撑等优势。近期直流工程主要以 MMC 换流器为主。虽然 MMC 直流系统可弥补 LCC 系统的不足，但其建设成本相对较高，输送容量相对较低。

白鹤滩直流工程充分利用二者的优点，采用 LCC-MMC 两端混合直流输电方式。为实现白鹤滩水电对江苏省多地域的电力供应，江苏省受端采用多落点并联 MMC 换流器形式，首期工程建设了 3 个 MMC 落点，后期将继续扩建，最终将白鹤滩水电全部东送至江苏。

第2章 昆柳龙特高压多端混合直流输电一、二次系统

2.1 昆柳龙特高压多端混合直流输电系统结构图及说明

随着 VSC-HVDC 技术及相应电力电子器件应用的不断成熟，VSC-HVDC 也开始应用于 ±800 kV 特高压，这使得 VSC-HVDC 与特高压常规直流输电系统的互联成为可能。特高压多端混合直流输电采用真双极的接线方式，正负极均具有独立的换流设备、输电线路和控制系统，两个极可作为独立系统运行。在每个极内部，采用高压换流器和低压换流器串联的接线方式，在提升输送容量的同时进一步提升了直流系统的可用性和可靠性。另一个显著优势是可以实现功率转带，即当某一换流器或某一极故障后，损失的功率可由本站剩余换流器转带，从而防止或减少直流功率的损失，降低切机切负荷的概率。当直流系统运行端数大于 2 时，损失的功率不仅可以站内转带，还可以站间转带。

如图 2-1 所示为昆柳龙直流输电系统结构图。昆柳龙直流工程是我国首个特高压三端混合直流工程，直流运行方式较传统两端直流更加多样化。广西作为昆柳龙直流工程的受端换流站，在部分工况下还可转为整流站，具备单独向广东送电的能力，使得直流运行方式更加复杂化。

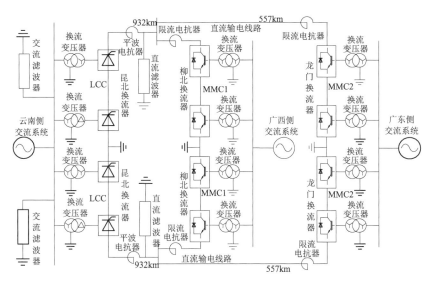

图 2-1 昆柳龙特高压多端混合直流输电系统

2.2 昆柳龙特高压多端混合直流输电系统一次设备

2.2.1 云南侧交流系统

昆柳龙直流输电系统云南侧交流系统额定电压为 535 kV，稳态运行时系统最高电压为 550 kV，最低电压为 500 kV；系统长期耐受的最大极端电压为 550 kV，最小极端电压为 475 kV，如表 2-1 所示。

表 2-1 云南侧交流系统电压

交流系统参数	云南侧
正常运行电压	535 kV
系统最高电压，稳态	550 kV
系统最低电压，稳态	500 kV
系统最大极端电压，长期耐受	550 kV
系统最小极端电压，长期耐受	475 kV

2.2.2 云南侧交流滤波器

交流滤波器位于换流站交流场中，并联接于交流侧母线上，主要作用是抑制换流器产生的注入交流系统的谐波电流，同时补偿部分换流器吸收的无功功率。

为保证无功补偿满足工程要求，昆北换流站配置 A 型交流滤波器 DT 11/24 6 组、B 型交流滤波器 TT 3/13/36 6 组、C 型交流滤波器 SC 8 组，共计 20 个小组。该 20 个小组分为 4 个大组，分组方案如下：

ACF1: 2DT 11/24+TT 3/13/36+2SC；

ACF2: DT 11/24+2TT 3/13/36+2SC；

ACF3: 2DT 11/24+TT 3/13/36+2SC；

ACF4: DT 11/24+2TT 3/13/36+2SC。

交流滤波器分组接线图如图 2-2 所示。

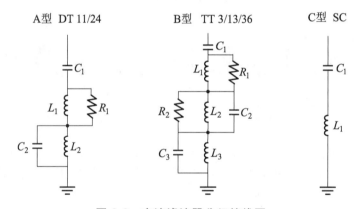

图 2-2 交流滤波器分组接线图

由于柳北换流站、龙门换流站采用 MMC 型电压源换流器，引入系统的谐波含量很低，低于配置交流滤波器的标准，故柳北换流站、龙门换流站无须配置交流滤波器，只需在昆北换流站配置交流滤波器即可。

2.2.3 云南侧换流变压器

在高压直流输电系统中，换流变压器是指接在换流桥与交流系统之间的电力变压器。换流变压器的主要功能体现在以下几个方面：

（1）参与实现交流电与直流电之间的相互变换；

（2）实现电压变换；

（3）抑制直流故障电流；

（4）削弱交流系统入侵直流系统的过电压；

（5）减少换流器注入交流系统的谐波；

（6）实现交、直流系统的电气隔离。

昆柳龙直流输电系统云南侧采用 YNy0 和 YNd11 两种接线方式的三相双绕组变压器，如图 2-3 所示。

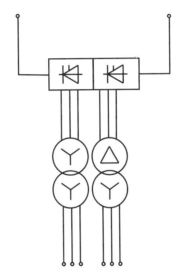

图 2-3　YNy0 和 YNd11 两种接线方式的三相双绕组变压器

变压器单台容量为 1217.4 MVA，云南侧共有 28 台，网侧绕组额定电压为 525 kV，阀侧绕组额定电压为 172.3 kV，短路阻抗为 0.2，分接头级数为 –4/+24。变压器参数如表 2-2 所示。

表 2-2　云南侧变压器参数

变压器参数	云南侧
型式	三相双绕组
连接组别	YNy、YNd
容量	1217.4 MVA

续表

变压器参数	云南侧
台数	28 台
额定变比	525/172.3
分接头级数	− 4/+24
短路阻抗	0.2

2.2.4　云南侧 12 脉动换流器

　　换流器由电力电子器件组成，是具有将交流电转变为直流电或将直流电转变为交流电能力的设备。12 脉动换流器是由两个交流侧电压相位相差 30°的 6 脉动换流器在直流侧串联而成，其交流侧通过换流变压器的网侧绕组而并联。如图 2-4 所示为 12 脉动换流器原理接线图。

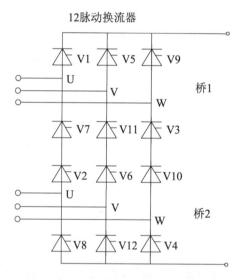

图 2-4　12 脉动换流器原理接线图

　　昆柳龙直流输电系统昆北换流站采用单极 2 个 12 脉动换流单元串联主接线方式，每个换流单元承受 400 kV 电压，单极串联电压按（400+400）kV 分配。换流阀是换流器的基本单元，是进行换流的关键设备。云南侧换流阀由电触发晶闸管串联而成。

2.2.5　云南侧平波电抗器

平波电抗器是换流站的重要设备之一，其安装于直流极线出口。平波电抗器和直流滤波器共同组成直流 T 型谐波滤波网，减小交流脉动分量并滤除部分谐波，减少直流线路沿线对通信的干扰，且可避免谐波使调节不稳定。平波电抗器还能防止由直流线路产生的陡波冲击进入阀厅，使换流阀免遭过电压的损坏。当逆变器发生某些故障时，可避免引起继发的换相失败，减小因交流电压下降引起逆变器换相失败的概率。当直流线路短路时，在整流侧调节配合下，可限制短路电流的峰值。

昆北换流站单极中性母线和直流极线处分别装设 2 台平波电抗器，共计 4 台。

2.2.6　云南侧直流滤波器

直流滤波器位于换流站直流场中，并联接于直流极线上，主要作用是抑制换流器产生的注入直流线路的谐波电流。

由于柳北换流站、龙门换流站采用 MMC 型电压源换流器，谐波含量满足规范要求，故柳北换流站、龙门换流站无须配置直流滤波器，只需在昆北换流站配置直流滤波器即可。昆北换流站按单极两组三调谐滤波器配置，其主接线图如图 2-5 所示。

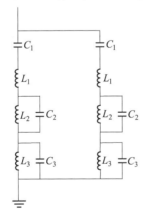

图 2-5　直流滤波器主接线图

2.2.7　直流输电线路

直流输电线路包括直流正极、负极传输导线、金属返回线以及直流接地极引线，其作用是为整流站向逆变站传送直流电流或直流功率提供通路。

昆柳龙直流输电工程西起云南省昆明市昆北换流站，东至广西壮族自治区柳州市柳北换流站和广东省惠州市龙门换流站，全长 1489 km，其中云南—广西段输电线路长 932 km，广西—广东段输电线路长 554 km。

2.2.8　广西侧限流电抗器

限流电抗器能够减小输电线路的短路电流，同时可使短路瞬间系统的电压保持不变，还可防止由直流线路产生的陡波冲击进入阀厅，使换流阀免遭过电压的损坏。

柳北换流站单极中性母线处装设 1 台限流电抗器，直流极线处装设 2 台限流电抗器，共计 3 台。

2.2.9　广西侧 MMC 换流单元

三相模块化多电平换流器拓扑结构如图 2-6 所示，O 点表示零电位参考点。一个换流器有 6 个桥臂（arm），每个桥臂由一个电抗器 L_0 和 N 个子模块（SM）串联而成，每一相的上下两个桥臂合称为一个相单元（Phase Unit）。MMC 电路高度模块化，能够通过增减接入换流器子模块的数量来满足不同功率和电压等级的要求，便于实现集成化设计，缩短项目周期，节约成本。

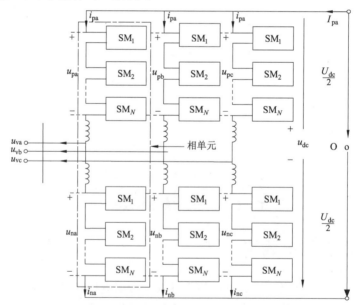

图 2-6　三相模块化多电平换流器拓扑结构

　　如图 2-7 所示，昆柳龙直流输电系统广西侧采用单极 2 种 MMC 换流单元串联的接线方式，两个 MMC 串联构成高低阀组，单极串联电压按（400+400）kV 分配，单个 MMC 内部换流链单元采用半桥和全桥按比例混合级联的主接线方式，上下桥臂任意时刻共导通 200 个子模块，并有一定的冗余，单个换流阀输出电压维持 400 kV。

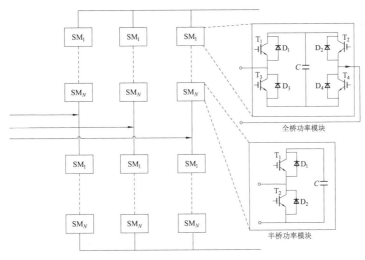

图 2-7　混合型 MMC

2.2.10　广西侧换流变压器

昆柳龙直流输电系统逆变侧采用 YNy0 接线方式的三相双绕组变压器，如图 2-8 所示。

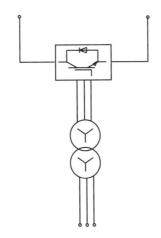

图 2-8　YNy0 接线方式的三相双绕组变压器

柳北换流站换流变压器单台容量 870 MVA，广西侧共有 14 台，网侧绕组额定电压 525 kV，阀侧绕组额定电压 216.9 kV，短路阻抗 0.16，分接头级数 – 4/+4。广西侧变压器参数如表 2-3 所示。

表 2-3　广西侧变压器参数

变压器参数	广西侧
型式	三相双绕组
连接组别	YNy
容量	870 MVA
台数	14
额定变比	525/216.9
分接头级数	– 4/+4
短路阻抗	0.16

2.2.11　广西侧交流系统

昆柳龙直流输电系统广西侧交流系统额定电压为 525 kV，稳态运行时系统最高电压为 550 kV，最低电压为 500 kV；系统长期耐受的最大极端电压为 550 kV，最小极端电压为 475 kV。系统参数如表 2-4 所示。

表 2-4　广西侧交流系统电压

交流系统参数	广西侧
正常运行电压	525 kV
系统最高电压，稳态	550 kV
系统最低电压，稳态	500 kV
系统最大极端电压，长期耐受	550 kV
系统最小极端电压，长期耐受	475 kV

2.2.12　广东侧限流电抗器

龙门换流站单极中性母线和直流极线处各装设 1 台的限流电抗器，共计 2 台。

2.2.13 广东侧 MMC 换流单元

如图 2-7 所示，昆柳龙直流输电系统广东侧采用单极 2 个 MMC 换流单元串联的接线方式，两个 MMC 串联构成高低阀组，单极串联电压按（400+400）kV 分配，单个 MMC 内部换流链单元采用半桥和全桥按比例混合级联的主接线方式，上下桥臂任意时刻共导通 200 个子模块，并有一定的冗余，单个换流阀输出电压维持 400 kV。

2.2.14 广东侧换流变压器

昆柳龙直流输电系统逆变侧采用 YNy0 接线方式的三相双绕组变压器，如图 2-8 所示。龙门换流站换流变压器单台容量为 1 440 MVA，广东侧共有 14 台，网侧绕组额定电压为 525 kV，阀侧绕组额定电压为 243.4 kV，短路阻抗为 0.18，分接头级数为 − 4/+4。变压器参数如表 2-5 所示。

表 2-5　广东侧变压器参数

变压器参数	广东侧
型式	三相双绕组
连接组别	YNy
容量	1440 MVA
台数	14
额定变比	525/243.4
分接头级数	− 4/+4
短路阻抗	0.18

2.2.15 广东侧交流系统

昆柳龙直流输电系统广东侧交流系统额定电压为 500 kV，稳态运行时系统最高电压为 550 kV，最低电压为 500 kV；系统长期耐受的最大极端电压为 550 kV，最小极端电压为 475 kV。系统参数如表 2-6 所示。

表 2-6 广东侧交流系统电压

交流系统参数	广东侧
正常运行电压	500 kV
系统最高电压，稳态	550 kV
系统最低电压，稳态	500 kV
系统最大极端电压，长期耐受	550 kV
系统最小极端电压，长期耐受	475 kV

2.2.16 接地极

接地极的作用是钳制中性点电位以及为直流电流提供返回通路。

2.3 特高压多端混合直流输电系统二次控制系统

从根本上讲，直流输电的运行控制是通过对晶闸管阀触发脉冲的相位控制来改变换流器的直流电压实现的。基本控制有以下 3 种方式：

（1）定电流控制——使直流电流达到指定值而调整直流电压的控制方法；

（2）定电压控制——把直流电压调整为指定的恒定值的控制方法；

（3）定功率控制——调整直流电流使直流功率为指定值的控制方法。

除此之外，在逆变侧还包括定熄弧角控制——在交流电压下降或直流电流变化时，使逆变器晶闸管关断的负电压期间（熄弧角）为恒定值的控制方式。

本节结合昆柳龙工程，针对送端（云南侧）8000 MW 为 LCC-DC、受端 1（广东侧）5000 MW 为 VSC-DC、受端 2（广西侧）3000 MW 为 VSC-DC 的特高压多端混合直流方案，介绍了特高压多端混合直流输电系统控制模式以及结构（云南侧采用定电流控制，广西侧采用定功率控制，广东侧采用定电压控制）。该模式在正常情况下，广东侧可稳定控制直流电压；在故障情况下，采用背靠背工程中的电压裕度控制，将电压控制权切换到云南侧或广西侧。

2.3.1　云南侧控制系统

在稳态运行情况下，云南侧 LCC 为经典的定直流电流控制，该侧外环控制策略如图 2-9 所示，控制框图如图 2-10 所示。

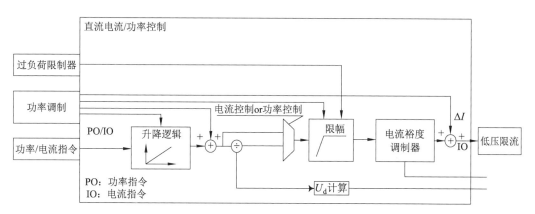

图 2-9　云南侧 LCC 稳态运行控制策略

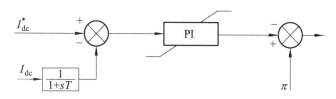

图 2-10　云南侧 LCC 定直流电流控制框图

这种控制方式依据直流电流定值，产生所需触发角的指令值，为使直流电流流通，整流器的直流电压要高于逆变器的直流电压。整流器的定电流控制同时具备抑制直流电流增加的作用，而逆变器的定电流控制则具备防止直流电流下降的作用。

2.3.2　广西侧控制系统

在稳态运行情况下，广西侧为定功率控制。该侧外环控制策略如图 2-11 和图 2-12 所示。定功率控制电路的框图如图 2-13 所示。

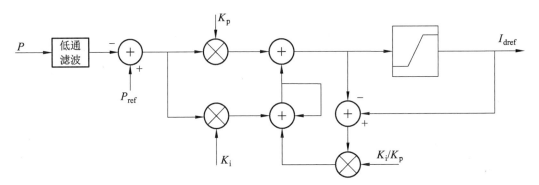

图 2-11　广西侧稳态运行有功功率控制策略

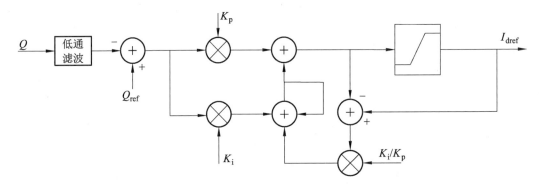

图 2-12　广西侧稳态运行无功功率控制策略

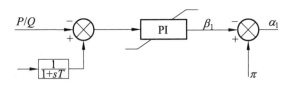

图 2-13　广西侧定功率控制电路框图

这种控制依据直流功率定值的需要，形成触发角指令值进行控制。通常，逆变器按照定电压进行控制；整流器则依据设定的功率，计算所需的电流定值，按定电流进行控制。

2.3.3　广东侧控制系统

在稳态运行情况下，广东侧为定直流电压控制。该侧外环控制策略如图 2-14 所示。定直流电压控制电路如图 2-15 所示。

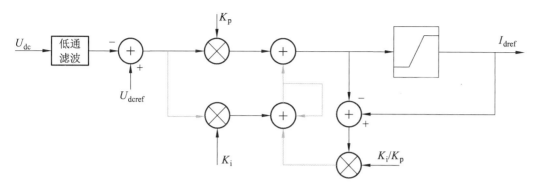

图 2-14 广东侧定直流电压控制

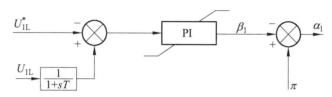

图 2-15 广东侧稳态运行直流电压控制策略框图

这种控制根据直流功率定值的需要，形成触发角指令值进行控制。通常，逆变器按照定电压进行控制，整流器则依据设定的功率，计算所需的电流定值，按定电流进行控制。

第3章 昆柳龙特高压多端混合直流输电系统模型

3.1 PSCAD/EMTDC 简介

PSCAD/EMTDC 是加拿大马尼托巴高压直流研究中心推出的一款电力系统电磁暂态仿真软件，仿真模型直观，元件模块库丰富，主要进行一般的交流电力系统电磁暂态研究，以及简单和复杂电力系统的故障建模及故障仿真，分析电力系统故障电磁暂态过程。PSCAD/EMTDC 具有很好的可移植性，可与多种常见软件连接，例如 EMTP、C 语言、MATLAB 等，因而在电力系统分析中应用范围较为广泛。

PSCADV4.6 是一款包含了 neXus 引擎的产品，尽管其仍是一款专门用于电磁暂态研究的软件，但主要的新功能已作为多重仿真环境的基础，页面模块也可基于相同的定义而多实例化。它同时包括多种其他新特性，例如并行仿真、组件黑箱化、输电线路互耦等。

PSCAD 允许用户以图形化方式建立电路、运行仿真和分析结果，并在一个完全集成的图形化环境中管理数据。该软件同时包括在线绘图功能、控制和仪表，使用户可在仿真运行过程中改变系统参数，以对正在运行的仿真结果进行观测。

3.2 昆柳龙特高压多端混合直流输电一次系统模型

根据第 2 章昆柳龙特高压多端混合直流输电系统各元件参数，使用 PSCAD 分别建立了云南侧交流系统仿真模型、云南侧交流滤波器仿真模型、云南侧换流变压器仿真模型、云南侧单极换流阀仿真模型、云南侧平波电抗器仿真模型、云南侧单极直流滤波器仿真模型、云南—广西段直流输电线路仿真模型、广西—广东段直流输电线路仿真模型、广西侧平波电抗器仿真模型、广西侧 MMC 换流器仿真模型、广西侧换流变压器仿真模型、广西侧交流系统仿真模型和广东侧平波电抗器仿真模型、广东侧换流站单极仿真模型、广东侧换流变压器仿真模型、广东侧交流系统仿真模型。

3.2.1　云南侧交流系统仿真模型及参数

根据昆柳龙直流输电工程交流系统最大三相短路电流，建立云南侧交流系统的戴维南等效模型。昆柳龙直流输电工程云南侧交流系统额定电压为 535 kV，交流系统最大三相短路电流为 63 kA。根据式（3-1）、式（3-2）可以计算出云南侧交流系统的戴维南等效阻抗。

$$SC = \sqrt{3}UI \tag{3-1}$$

$$Z_{st} = \frac{V_C^2}{SC} \tag{3-2}$$

式中，SC 为交流系统最大短路容量，U 为换流变母线额定电压，I 为交流系统最大三相短路电流，Z_{st} 为交流系统戴维南等效电抗。由式（3-1）可计算出昆北换流站交流系统最大短路容量为 $SC_{KB} = 58\ 378.77$（MVA），戴维南等效电抗为 $Z_{st} = 4.902\ 9$（Ω），阻抗角取 84°。昆北站交流系统戴维南等效电路如图 3-1 所示。

图 3-1　昆北站交流系统戴维南等效电路

云南侧交流系统仿真模型及参数如图 3-2 所示。

图 3-2　云南侧交流系统仿真模型及参数

3.2.2　云南侧交流滤波器仿真模型及参数

云南侧交流滤波器仿真模型及参数如图 3-3 所示。

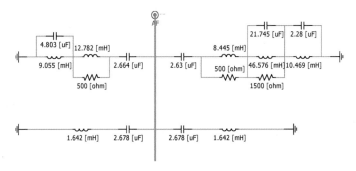

图 3-3　云南侧单极交流滤波器仿真模型及参数

3.2.3　云南侧换流变压器仿真模型及参数

云南侧星-三角换流变压器仿真模型及参数如图 3-4 所示。

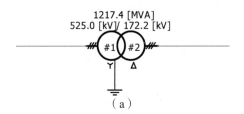

（a）

（b）

（c）

图 3-4　云南侧星-三角换流变压器仿真模型及参数

云南侧星-星形换流变压器仿真模型及参数如图 3-5 所示。

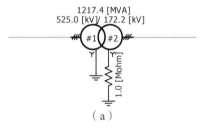

（a）

（b）

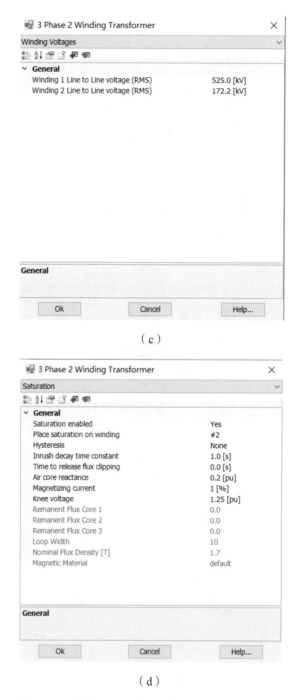

图 3-5　云南侧星-星形换流变压器仿真模型及参数

3.2.4 云南侧单极换流阀仿真模型及参数

云南侧单极换流阀仿真模型及参数如图 3-6 所示。

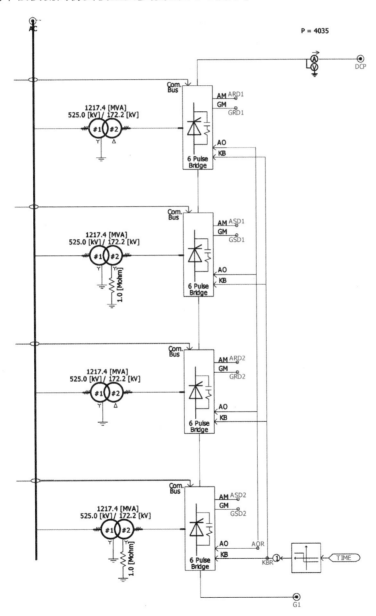

图 3-6 云南侧单极换流阀仿真模型及参数

云南侧高端阀组仿真模型及参数如图 3-7 所示。

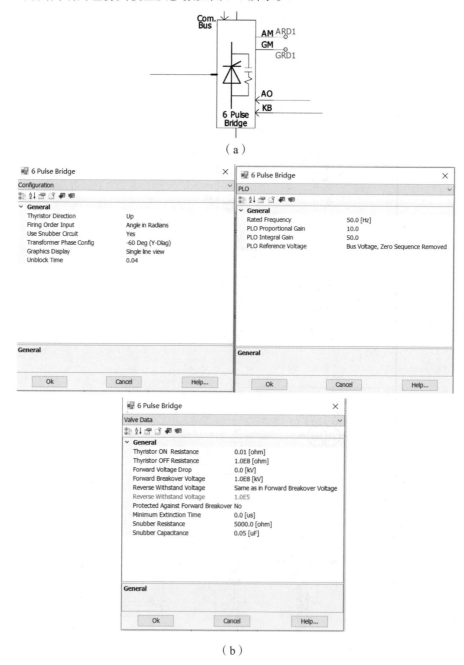

（a）

（b）

图 3-7　云南侧高端阀组仿真模型及参数

云南侧低端阀组仿真模型及参数如图 3-8 所示。

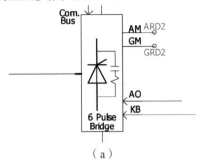

（a）

（b）

图 3-8　云南侧低端阀组仿真模型及参数

3.2.5　云南侧平波电抗器仿真模型及参数

云南侧平波电抗器仿真模型及参数如图 3-9 所示。

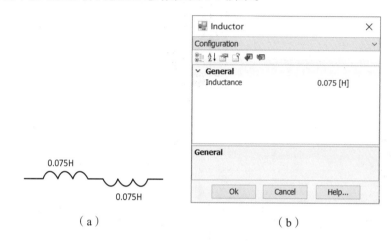

（a）　　　　　　　　　　　　　　（b）

图 3-9　云南侧平波电抗器仿真模型及参数

3.2.6　云南侧单极直流滤波器仿真模型及参数

云南侧单极直流滤波器仿真模型及参数如图 3-10 所示。

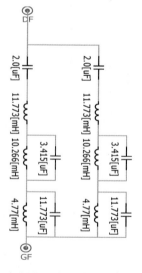

图 3-10　云南侧单极直流滤波器仿真模型及参数

3.2.7　云南—广西段直流输电线路仿真模型及参数

云南—广西段直流输电线路仿真模型及参数如图 3-11 所示。

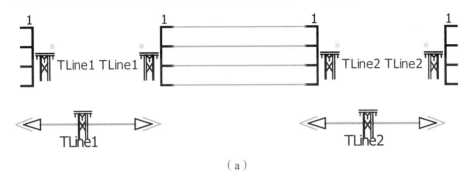

（a）

（b）

图 3-11　云南—广西段直流输电线路仿真模型及参数

3.2.8　广西—广东段直流输电线路仿真模型及参数

广西—广东段直流输电线路仿真模型及参数如图 3-12 所示。

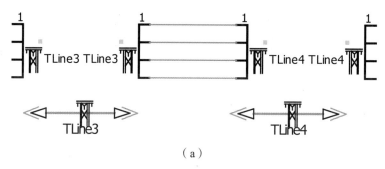

（a）

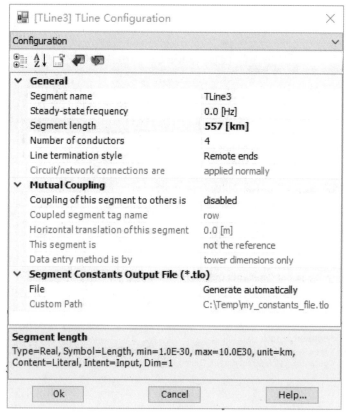

（b）

图 3-12　广西—广东段直流输电线路仿真模型及参数

3.2.9 广西侧平波电抗器仿真模型及参数

广西侧直流出口平波电抗器仿真模型及参数如图 3-13 所示。

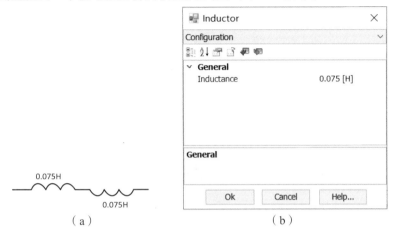

（a） （b）

图 3-13 广西侧直流出口平波电抗器仿真模型及参数

3.2.10 广西侧 MMC 换流器仿真模型及参数

广西侧 MMC 三相桥臂仿真模型及参数如图 3-14 所示。

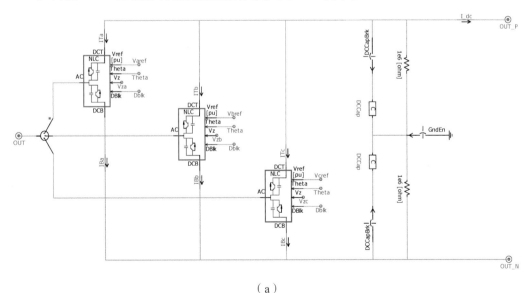

（a）

[KLLSDSJHHQBS800KVShiYanGXL:MMC_Pole_NLC_2] id='8774...	×
Parameters	⌄

> Cell parameters
  Switch ON resistance (for each element)　　　　RSOn
  Switch OFF resistance (for each element)　　　　RSOff
  Cell DC capacitor　　　　Cdc
> General
  AC system frequency　　　　fref
  Sum of capacitor voltages per arm at t=0 [kV]　　　　SumVc0
  Arm inductance　　　　Larm

Cell parameters

| Ok | Cancel | Help... |

（b）

图 3-14　广西侧 MMC 三相桥臂仿真模型及参数

广西侧 MMC 单相桥臂仿真模型及参数如图 3-15 所示。

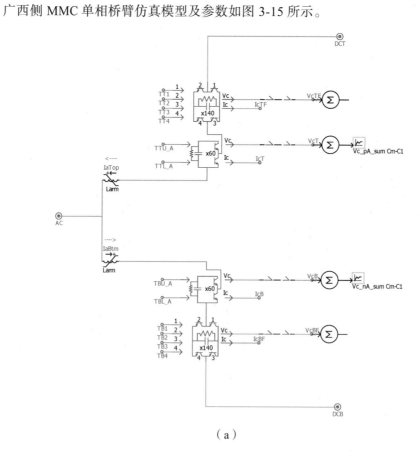

（a）

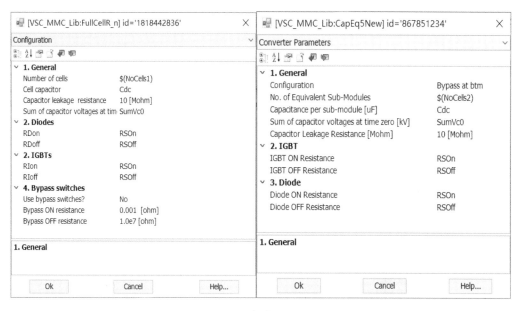

（b）

图 3-15　广西侧单相桥臂仿真模型及参数

广西侧单极换流器高端阀组、低端阀组仿真模型及参数如图 3-16 所示。

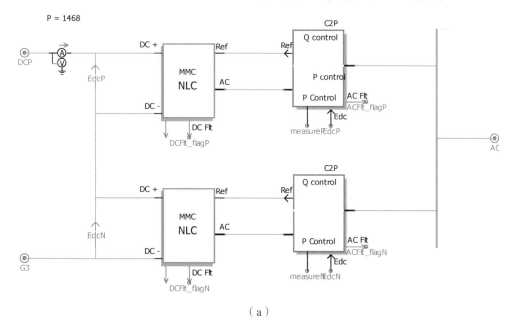

（a）

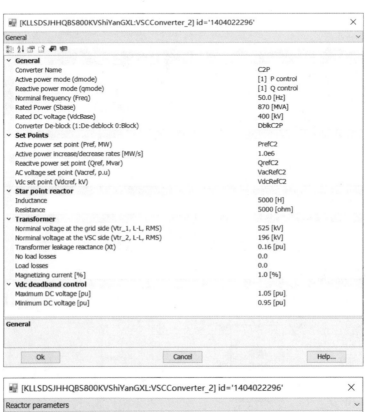

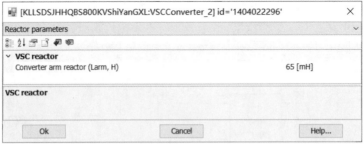

（b）

（c）

图 3-16　广西侧高端阀组、低端阀组单极换流器仿真模型及参数

3.2.11　广西侧换流变压器仿真模型及参数

广西侧单极高端阀组、低端阀组换流变压器仿真模型及参数如图 3-17 所示。

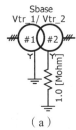

（a）

（b）

图 3-17　广西侧换流单极变压器高端阀组、低端阀组仿真模型及参数

3.2.12 广西侧交流系统仿真模型及参数

根据昆柳龙直流输电工程交流系统最大三相短路电流，建立广西侧交流系统的戴维南等效模型。广西侧交流系统额定电压为 525 kV，交流系统最大三相短路电流为 63 kA。根据式（3-3）、式（3-4）可计算出广西侧交流系统的戴维南等效阻抗。

$$SC = \sqrt{3}UI \tag{3-3}$$

$$Z_{st} = \frac{V_C^2}{SC} \tag{3-4}$$

式中，SC 为交流系统最大短路容量，U 为换流变母线额定电压，I 为交流系统最大三相短路电流，Z_{st} 为交流系统戴维南等效电抗。由式（3-3）可计算出柳北换流站交流系统最大短路容量为 SC_{LB}=57 287.58（MVA），戴维南等效电抗为 Z_{st}=4.8113（Ω），阻抗角取 75°。柳北站交流系统戴维南等效电路如图 3-18 所示。

图 3-18 柳北站交流系统戴维南等效电路

广西侧交流系统仿真模型及参数如图 3-19 所示。

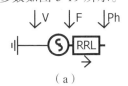

（a）

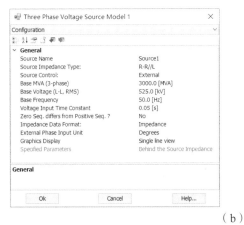

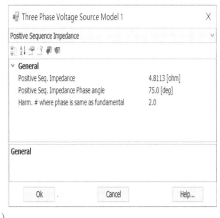

（b）

图 3-19 广西侧交流系统元件仿真模型及参数

3.2.13　广东侧平波电抗器仿真模型及参数

广东侧平波电抗器仿真模型及参数如图 3-20 所示。

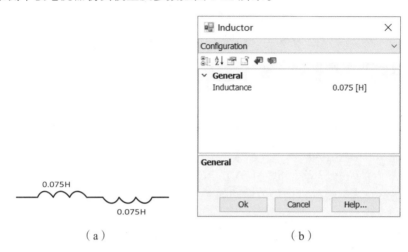

（a）　　　　　　　　　　（b）

图 3-20　广东侧平波电抗器仿真模型及参数

3.2.14　广东侧换流站单极仿真模型及参数

广东侧换流站单极仿真模型及参数如图 3-21 所示。

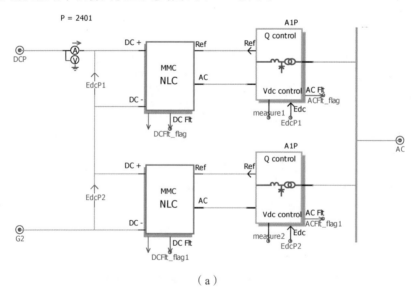

（a）

（b）

图 3-21 广东侧换流站单极仿真模型及参数

广东侧 MMC 三相桥臂仿真模型及参数如图 3-22 所示。

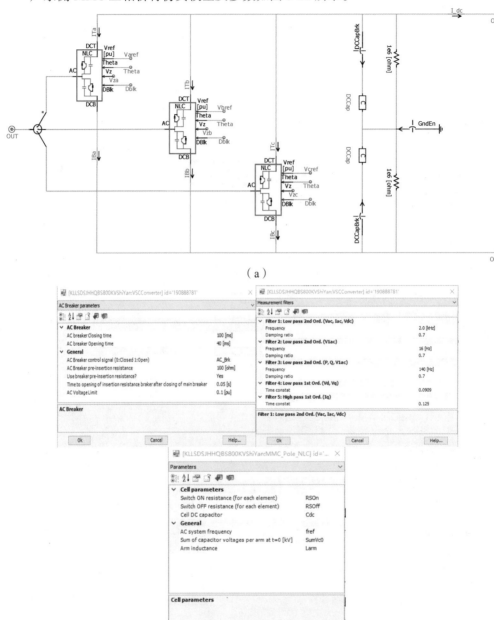

（a）

（b）

图 3-22　广东侧 MMC 三相桥臂仿真模型及参数

广东侧 MMC 单相桥臂仿真模型如图 3-23 所示。

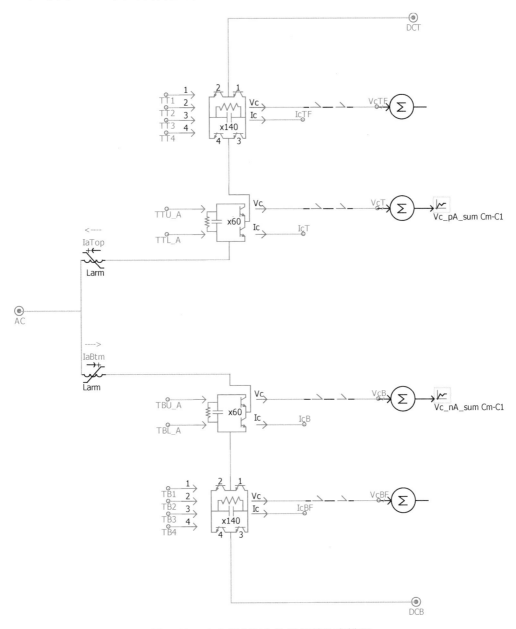

图 3-23 广东侧 MMC 单相桥臂仿真模型

广东侧全桥 MMC 参数、半桥 MMC 参数如图 3-24 和图 3-25 所示。

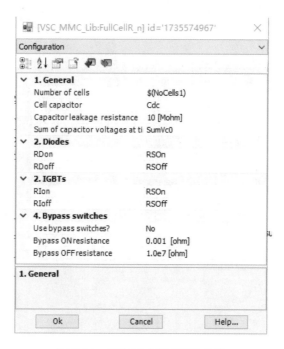

图 3-24　广东侧全桥 MMC 参数

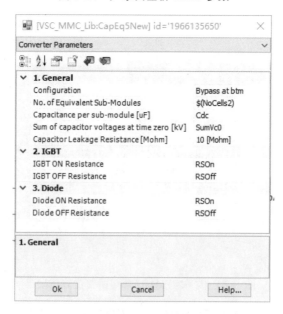

图 3-25　广东侧半桥 MMC 参数

3.2.15　广东侧换流变压器仿真模型及参数

广东侧换流变压器仿真模型及参数如图 3-26 所示。

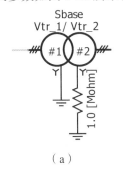

（a）

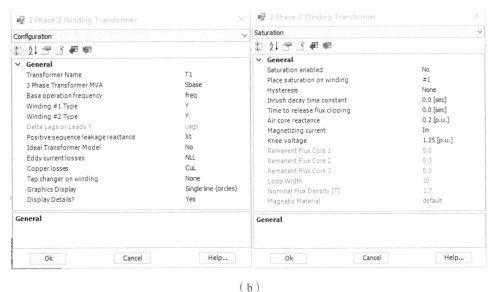

（b）

图 3-26　广东侧换流变压器仿真模型及参数

3.2.16　广东侧交流系统仿真模型及参数

根据昆柳龙直流输电工程交流系统最大三相短路电流，建立广东侧交流系统的戴维南等效模型。昆柳龙直流输电工程广东侧交流系统额定电压为 500 kV，交流系统最大三相短路电流为 63 kA。根据式（3-5）、式（3-6）可以算出广东侧交流系统的戴维南等效阻抗。

$$SC = \sqrt{3}UI \tag{3-5}$$

$$Z_{st} = \frac{V_C^2}{SC} \tag{3-6}$$

式中，SC 为交流系统最大短路容量，U 为换流变母线额定电压，I 为交流系统最大三相短路电流，Z_{st} 为交流系统戴维南等效电抗。由式（3-5）可计算出龙门换流站交流系统最大短路容量为 $SC_{LM}=54\,559.6$（MVA）。戴维南等效电抗为 $Z_{st}=4.5821$（Ω），阻抗角取 75°。龙门站交流系统戴维南等效电路如图 3-27 所示。

图 3-27　龙门站交流系统戴维南等效电路

广东侧交流系统仿真模型及参数如图 3-28 所示。

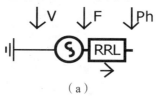

（a）

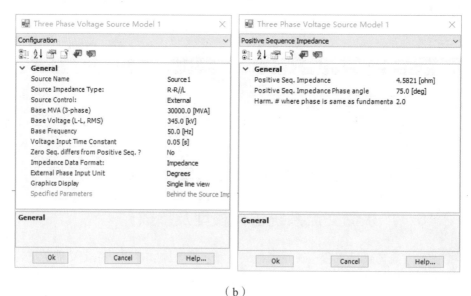

（b）

图 3-28　广东侧交流系统仿真模型及参数

3.3 PSCAD/EMTDC 控制系统模型

国际大电网（CIGRE）公布的直流输电标准测试系统是研究直流输电技术有效且便捷的研究工具，系统中提供的直流输电（HVDC）模型和基于最近电平逼近的模块化多电平换流器（MMC）型柔性直流输电模型，可用于直流输电控制研究。本节也是参照CIGRE 提供的传统直流输电模型和柔性直流输电模型的控制系统模型建立特高压多端混合直流输电控制系统。由于 CIGRE 公布的直流输电标准测试系统中并没有 LCC 型换流站和 VSC 型换流站混合使用的混合直流输电标准模型，故在建立特高压多端混合直流输电控制系统时相较于标准控制系统模型有所改变，以使建立的控制系统可满足多端混合直流输电控制系统的要求。

3.3.1 云南侧控制系统

国际大电网中 LCC 型高压直流输电模型为单极系统，换流站采用单 12 脉动换流器接线方式，其额定直流电压为 500 kV，直流电流为 2 kA，直流功率为 1 000 MW。而昆柳龙直流输电工程为双极系统，送端采用 LCC 型换流器，单极采用双 12 脉动换流器串联接线方式，额定直流电压为 ± 800 kV，直流电流为 5 kA，直流功率为 8 000 MW。可见已有控制系统无法满足工程实际需求。为此，需对 CIGRE 提供的标准直流输电控制系统进行修改，增加必要的附加控制环节：

（1）单极的两个 12 脉动换流器采用串联接线方式，用相同的测量电压、电流值作为控制信号。

（2）4 个 6 脉动换流器串联组成的双 12 脉动换流器采用控制器产生的同一个触发角α控制其导通。

（3）单极双 12 脉动换流器增加解闭锁控制模块，以便在 MMC 侧建立稳定直流电压后解锁导通。

（4）测量环节用 3 个一阶惯性环节进行模拟，将广东侧电流测量环节增益改为 0.032，广东侧电压测量环节增益改为 0.00 125 后再进行相加作为线路中点电压值，经低压限流环节转换为电流值。云南侧电流测量环节增益改为 0.2，3 个一阶惯性环节的惯性时间常数保持不变。

（5）增加定功率控制等必要附加控制环节。

（6）负极控制模型与正极基本一致，只需将广东侧电压测量值乘以-1 作为控制系统的电压测量控制值。

云南侧控制系统如图 3-29 所示。

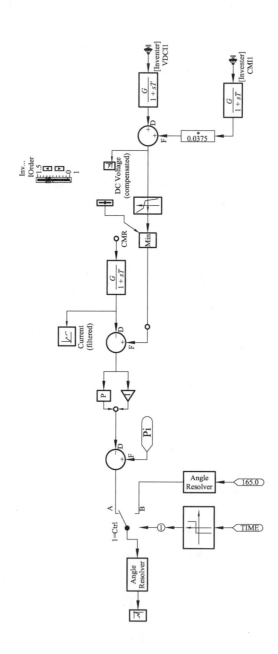

图 3-29　云南侧控制系统图

3.3.2 广西侧控制系统

国际大电网中基于最近电平逼近的柔性直流输电两端双极系统模型换流站，其只采用 1 个 MMC 型换流器模块，为伪双极结构。其额定直流电压为 400 kV，直流电流为 1 kA，直流功率为 800 MW。而昆柳龙直流输电工程为双极多端系统，受端采用 MMC 型换流器，单极采用两个 MMC 换流器串联接线方式，广东侧额定直流电压为 ± 800 kV，直流电流为 3.125 kA，直流功率为 5000 MW；广西侧额定直流电压为 ± 800 kV，直流电流为 1.875 kA，直流功率为 3000 MW。此外，国际大电网中标准柔性直流测试系统换流站未采用混合桥结构，而昆柳龙直流输电工程 MMC 换流器采用混合桥结构，可见现有控制系统无法满足工程实际需求，为此需对 CIGRE 提供的标准柔性直流输电控制系统进行修改，增加必要的附加控制环节：

（1）单极的两个 MMC 换流器采用相同的电动势和电流测量值作为控制信号。

（2）在半桥基础上增加全桥模块，使 MMC 换流器形成混合桥结构，采用与半桥相同的测量信号作为全桥模块的输入信号，经变换处理后作为全桥控制信号。

（3）增加故障时解除闭锁模块，以便通过全桥子模块的控制清除瞬时性故障。

MMC 换流器控制总框图如图 3-30 所示。

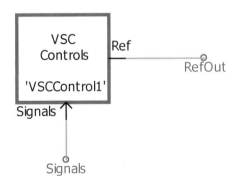

图 3-30 MMC 换流器控制总框图

MMC 换流器控制面板参数如图 3-31 所示。

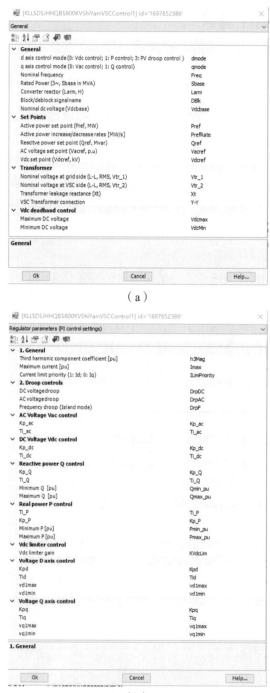

（a）

（b）

（c）

图 3-31　MMC 换流器控制面板参数

广西侧电流解耦控制及其参数设置如图 3-32 和 3-33 所示。

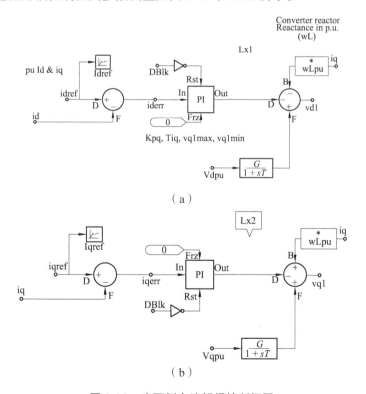

图 3-32　广西侧电流解耦控制框图

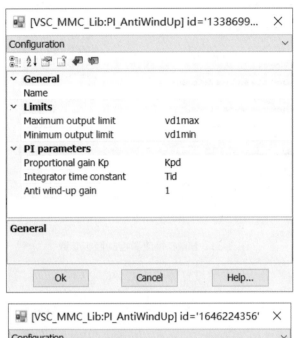

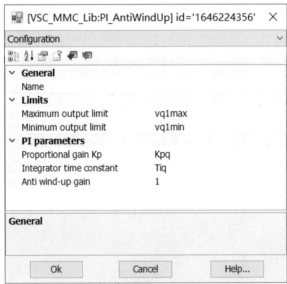

图 3-33　广西侧电流解耦控制参数

广西侧 d 轴控制及其参数设置如图 3-34 和 3-35 所示。

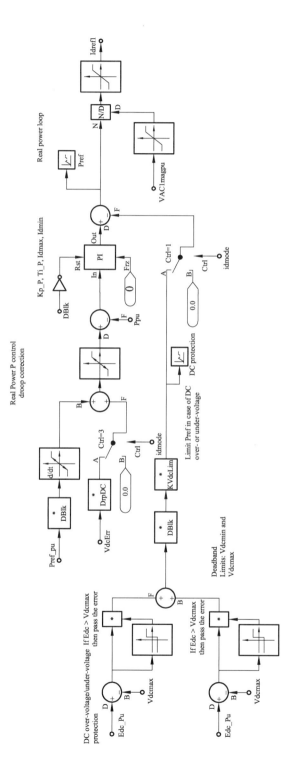

图 3-34 广西侧 d 轴控制框图

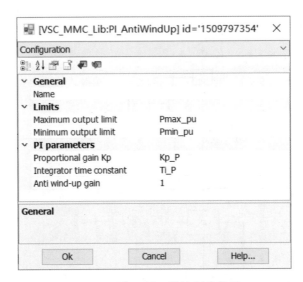

图 3-35 广西侧 d 轴控制参数图

广西侧 q 轴控制及其参数设置如图 3-36 和 3-37 所示。

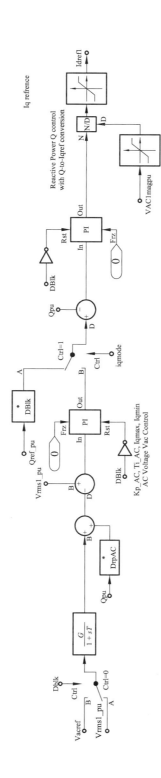

图 3-36 广西侧 q 轴控制框图

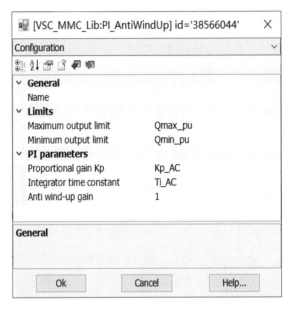

（a）

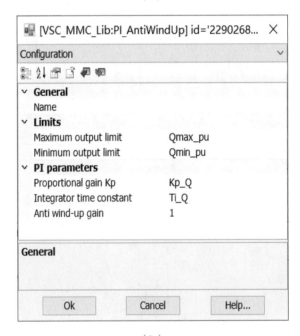

（b）

图 3-37　广西侧 q 轴控制参数图

3.3.3 广东侧控制系统

广东侧电流解耦控制框图如图 3-38 所示。

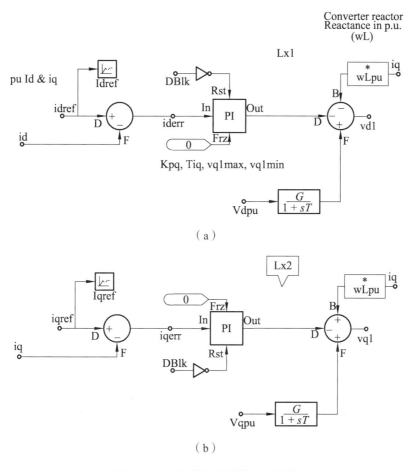

（a）

（b）

图 3-38 广东侧电流解耦控制框图

广东侧直流功率控制框图如图 3-39 所示。
广东侧直流电压控制框图如图 3-40 所示。
广东侧无功功率控制框图如图 3-41 所示。

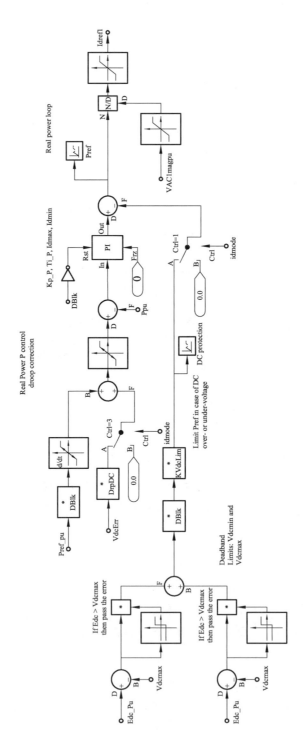

图 3-39 广东侧直流功率控制框图

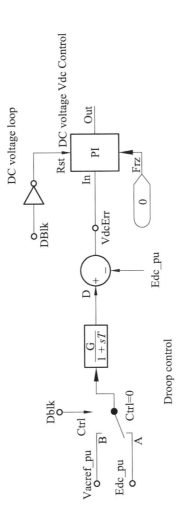

图 3-40 广东侧直流电压控制框图

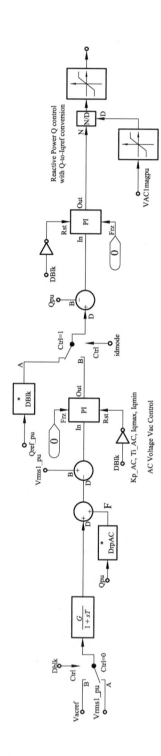

图 3-41　广东侧无功功率控制框图

3.4 昆柳龙特高压多端混合直流输电系统模型

3.4.1 系统仿真模型

根据昆柳龙直流输电工程参数、主接线图、各元器件仿真模型和控制系统仿真模型，建立昆柳龙特高压多端混合直流输电系统仿真模型，如图 3-42 所示。

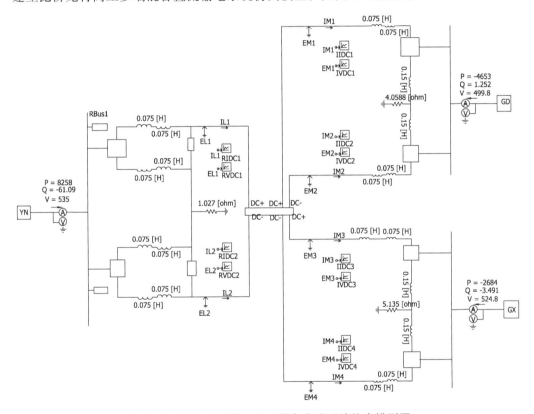

图 3-42 昆柳龙特高压多端混合直流系统仿真模型图

3.4.2 云南侧一次系统仿真模型

云南侧一次系统框架图如图 3-43 所示。

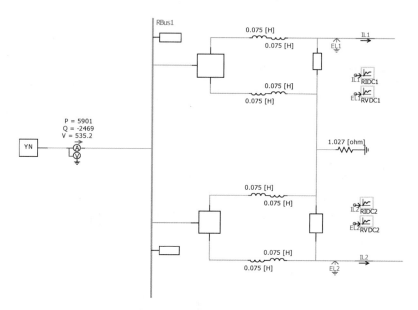

图 3-43　云南侧一次系统框架图

3.4.3　广西侧一次系统仿真模型

广西侧一次系统框架图如图 3-44 所示。

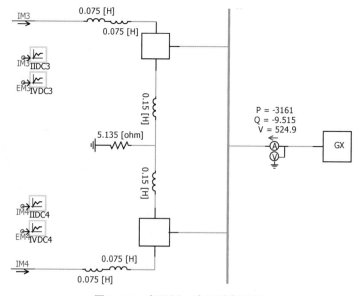

图 3-44　广西侧一次系统框架图

3.4.4　广东侧一次系统仿真模型

广东侧一次系统框架图如图 3-45 所示。

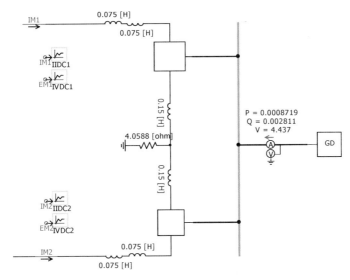

图 3-45　广东侧一次系统框架图

3.5　昆柳龙特高压多端混合直流输电系统额定运行仿真

在昆柳龙直流输电工程双极全压大地回线运行方式下，云南侧直流电流、直流电压波形如图 3-46 和图 3-47 所示。

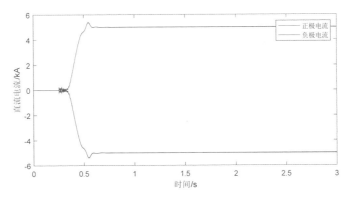

图 3-46　昆柳龙直流输电双极全压运行云南侧直流电流波形

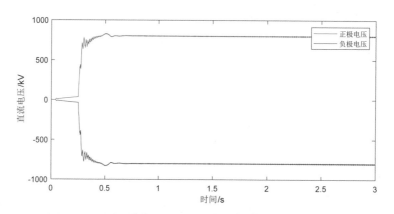

图 3-47　昆柳龙直流输电双极全压运行云南侧直流电压波形

图 3-46 和图 3-47 中横坐标均表示时间，纵坐标分别表示电流或电压。从图 3-46 和图 3-47 可以看出，昆柳龙直流输电工程双极全压运行时，云南侧正极仿真直流电流接近 +5 kA，仿真直流电压接近 +800 kV；负极仿真直流电流接近 −5 kA，仿真直流电压接近 −800 kV。根据昆柳龙直流输电系统设计参数，昆柳龙直流输电工程双极全压运行时云南侧正极额定运行电压为 +800 kV，额定运行电流为 +5 kA；负极额定运行电压为 −800 kV，额定运行电流为 −5 kA。由此可见，本节所建立的昆柳龙直流输电仿真模型在双极全压运行方式下仿真电压和电流的值与昆柳龙直流输电工程双极运行的额定电压和额定电流基本相同。

昆柳龙直流输电工程双极全压大地回线运行方式下，广西侧直流电流、直流电压波形如图 3-48 和图 3-49 所示。

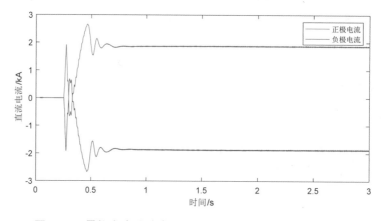

图 3-48　昆柳龙直流输电双极全压运行广西侧直流电流波形

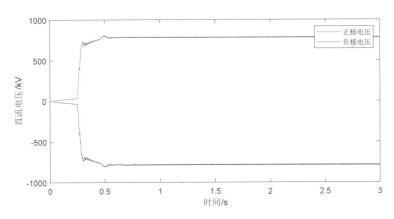

图 3-49 昆柳龙直流输电双极全压运行广西侧直流电压波形

图 3-48 和图 3-49 中横坐标表示时间，纵坐标分别表示电流或电压。从图 3-48 和图 3-49 可以看出，昆柳龙直流输电工程双极全压运行时，广西侧正极仿真直流电流接近 +1.875 kA，仿真直流电压接近 +800 kV；负极仿真直流电流接近 −1.875 kA，仿真直流电压接近 −800 kV。根据昆柳龙直流输电系统设计参数，昆柳龙直流输电工程双极全压运行时广西侧正极额定运行电压为 +800 kV，额定运行电流为 +1.875 kA；负极额定运行电压为 −800 kV，额定运行电流为 −1.875 kA。由此可见，本节所建立的昆柳龙直流输电仿真模型在双极全压运行方式下，仿真电压值和电流值与昆柳龙直流输电工程双极运行的额定电压和额定电流基本相同。

昆柳龙直流输电工程在双极全压大地回线运行方式下，广东侧直流电流、直流电压波形如图 3-50 和 3-51 所示。

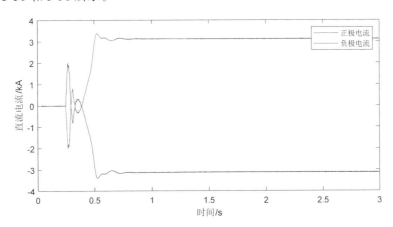

图 3-50 昆柳龙直流输电双极全压运行广东侧直流电流波形

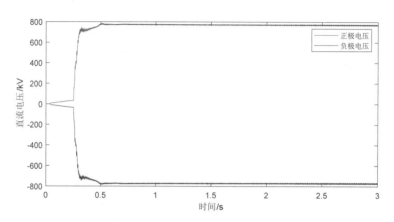

图 3-51　昆柳龙直流输电双极全压运行广东侧直流电压波形

　　图 3-50 和图 3-51 中横坐标均表示时间，纵坐标分别表示电流或电压。从图 3-50 和图 3-51 可以看出，昆柳龙直流输电工程双极全压运行时，广东侧正极仿真直流电流接近 +3.125 kA，仿真直流电压接近 +800 kV；负极仿真直流电流接近 – 3.125 kA，仿真直流电压接近 – 800 kV。根据昆柳龙直流输电系统设计参数，昆柳龙直流输电工程双极全压运行时，广东侧正极额定运行电压为 +800 kV，额定运行电流为 +3.125 kA；负极额定运行电压为 – 800 kV，额定运行电流为 – 3.125 kA。由此可见，本节所建立的昆柳龙直流输电仿真模型在双极全压运行方式下，仿真电压值和电流值与昆柳龙直流输电工程双极运行的额定电压和额定电流基本相同。

昆柳龙特高压多端混合直流输电系统故障仿真

4.1 云南侧交流系统故障仿真

在 PSCAD/EMTDC 中搭建的昆柳龙特高压多端混合直流输电系统模型中模拟昆北侧交流系统故障，其中故障类型包括 A 相金属性接地短路，A、B 两相金属性短路，A、B、C 三相金属性接地短路。本节分析昆北换流站在各种故障情况下交流系统和直流系统的电流和电压变化情况。

4.1.1 A 相接地短路故障仿真

模拟昆北换流站发生 A 相接地故障时，昆北侧交流系统的三相交流电流、三相交流电压、昆北侧直流母线的电流和电压如图 4-1 ~ 图 4-4 所示。

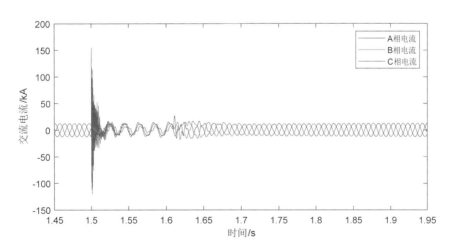

图 4-1　昆北换流站 A 相接地短路故障交流电流

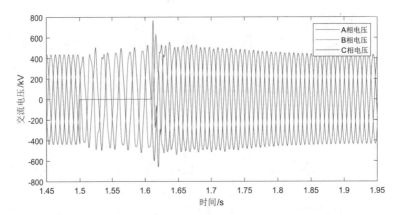

图 4-2   昆北换流站 A 相接地短路故障交流电压

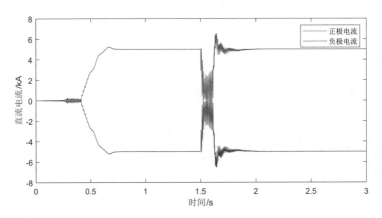

图 4-3   昆北换流站 A 相接地短路故障直流电流

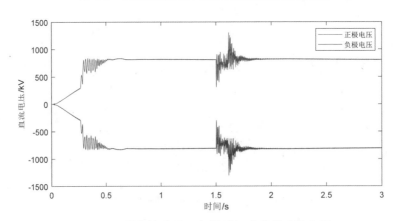

图 4-4   昆北换流站 A 相接地短路故障直流电压

图 4-1 ~ 图 4-4 中横坐标均表示时间，纵坐标分别表示电压或电流。故障发生时刻为 1.5 s，故障持续时间为 0.1 s。从图 4-1 可以看出 A 相发生金属性故障时，A 相电流幅值明显增大，B 相电流幅值有所减小，C 相电流幅值有所增大，三相电流不再对称。从图 4-2 可以看出 A 相发生金属性接地故障时，A 相电压下降到零，B、C 相电压轻微上升。随着故障结束，在故障发生后一段时间内，故障相的电压会增大，非故障相由于电磁耦合的关系，电压也会比正常运行时的电压高出一点，但随着控制系统的调节作用电压会恢复到故障前的大小。从图 4-3 可以看出，当交流系统发生单相接地故障后，昆北换流站的母线电流会突然下降，昆北换流站会因控制器的调节作用，在故障结束后一段时间会达到最大值，最后趋于额定电流。从图 4-4 中可以看出，当模拟昆北换流站发生单相接地故障时，此时昆北换流站的直流母线电压先降低，因为定电压控制的原因，在故障期间直流电压在额定电压附近上下波动，并且因为正负极电磁耦合的原因，正极与负极波动趋势相似。故障切除后直流电压逐渐恢复正常。

4.1.2　A、B 两相短路故障仿真

模拟昆北换流站交流系统侧发生 A、B 两相短路故障时，昆北侧交流系统的三相交流电流、三相交流电压、昆北侧直流母线的电流和电压如图 4-5 ~ 图 4-8 所示。

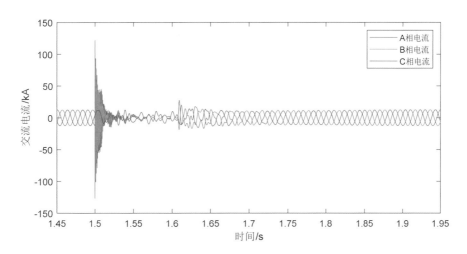

图 4-5　昆北换流站 A、B 两相短路故障交流电流

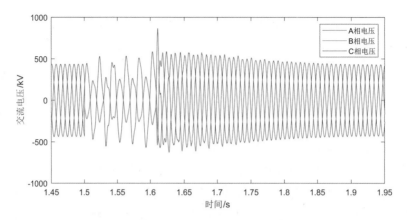

图 4-6　昆北换流站 A、B 两相短路故障交流电压

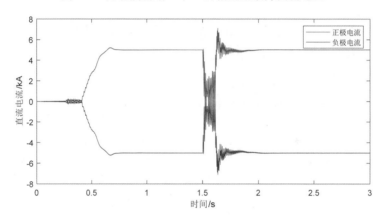

图 4-7　昆北换流站 A、B 两相短路故障直流电流

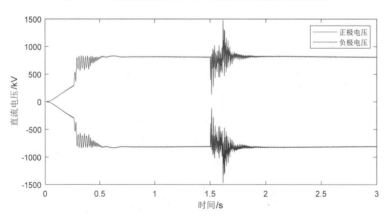

图 4-8　昆北换流站 A、B 两相短路故障直流电压

　　图 4-5 ~ 图 4-8 中横坐标均表示时间，纵坐标分别表示电压或电流。故障发生时刻为 1.5 s，故障持续时间为 0.1 s。从图 4-5 和图 4-6 中可以看出，当模拟昆北换流站交流系统侧发生 A、B 两相短路时，昆北换流站交流系统的故障相交流电流会迅速增加，但随着控制系统的参与，短路电流逐渐下降，而非故障相的电流会有一定畸变；昆北换流站交流系统的故障相交流电压会降低，而非故障相电压会有一定的升高，并且产生一定的谐波，随着故障的消失，昆北换流站交流系统的电流与电压最终恢复正常。从图 4-7 中可以发现，当昆北换流站交流系统发生两相短路故障时，昆北换流站直流母线电流会降低，随着故障的消失，昆北换流站的直流母线电流逐渐恢复正常。从图 4-8 可以发现，当昆北换流站交流系统侧发生两相短路后，昆北换流站的直流母线电压会先降低，然后在额定电压附近波动，当故障消失后，昆北换流站的直流母线电压逐渐恢复正常。

4.1.3　三相接地短路故障仿真

　　模拟昆北换流站交流系统发生三相接地短路，昆北侧交流系统的三相交流电流、三相交流电压，昆北侧直流母线的电流和电压如图 4-9 ~ 图 4-12 所示。

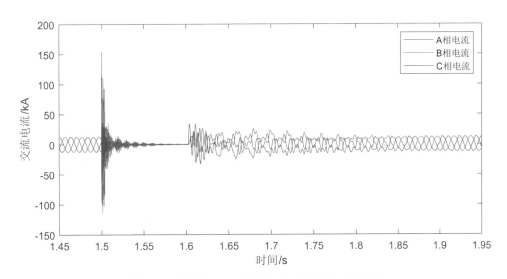

图 4-9　昆北换流站三相接地短路故障交流电流

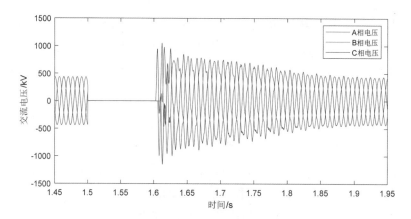

图 4-10　昆北换流站三相接地短路故障交流电压

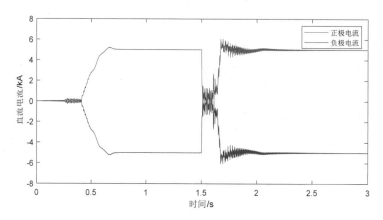

图 4-11　昆北换流站三相接地短路故障直流电流

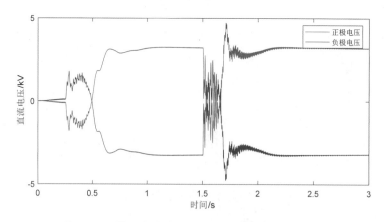

图 4-12　昆北换流站三相接地短路故障直流电压

图 4-9 ~ 图 4-12 中横坐标均表示时间，纵坐标分别表示电压或电流。故障发生时刻为 1.5 s，故障持续时间为 0.1 s。从图 4-9 以及图 4-10 可以看出，当昆北换流站交流系统侧发生三相接地短路时，昆北换流站的交流系统电流会迅速突变，随着故障的持续，交流电流逐渐变为零，交流系统电压也会变为零；随着故障的消失，交流系统电压逐渐恢复正常。从图 4-11 可以看出，当昆北换流站交流系统发生三相接地短路时，昆北换流站直流母线电流会大幅度跌落。从图 4-12 可以发现，因昆北换流站交流系统发生三相接地短路，昆北换流站直流母线电压下降幅度较大。故障切除后系统电流、电压逐渐恢复正常。

4.2 云南侧换流站故障仿真

换流阀侧交流故障与交流系统故障有所不同，因此，模拟昆北换流站阀侧单相接地短路和两相短路故障。换流器直流侧出口短路也是换流阀常见的故障，如正极线对地短路、负极线对中性点短路、极线中性点和大地构成接地短路、正负极线短路。

4.2.1 换流阀侧单相接地故障仿真

模拟昆北换流站阀侧单相金属性接地故障，昆北换流站交流侧和直流侧的电流、电压如图 4-13 ~ 图 4-16 所示。

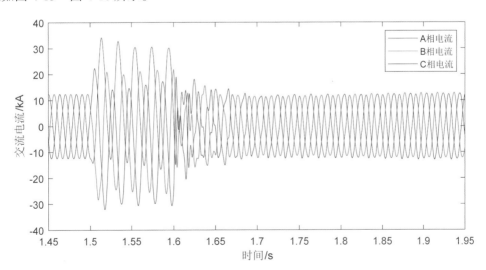

图 4-13 昆北换流站换流阀侧单相接地故障交流电流

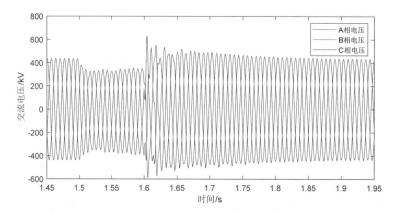

图 4-14　昆北换流站换流阀侧单相接地故障交流电压

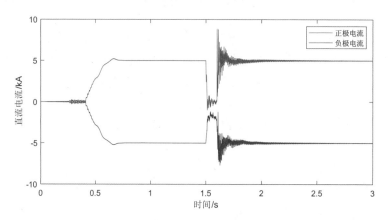

图 4-15　昆北换流站换流阀侧单相接地故障直流电流

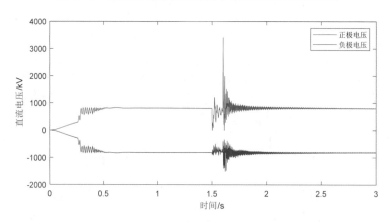

图 4-16　昆北换流站换流阀侧单相接地故障直流电压

图 4-13 ~ 图 4-16 中横坐标均表示时间，纵坐标分别表示电压或电流。故障发生时刻为 1.5 s，故障持续时间为 0.1 s。从图 4-13 和图 4-14 可以发现，当换流站阀侧发生单相接地故障时，昆北换流站交流系统故障相的电流迅速上升，非故障相电流也有所上升。交流系统的电压略降低，随着控制系统的调节，电压慢慢恢复正常。从图 4-15 和图 4-16 可以发现，当昆北换流站阀侧发生单相接地故障时，直流电流瞬间跌落至零，说明此时昆北换流站传输功率几乎为零，直流电压仍较为稳定地在额定电压附近波动。故障切除后系统电流、电压逐渐恢复正常。

4.2.2　换流阀侧两相短路故障仿真

模拟昆北换流站阀侧两相金属性短路故障，昆北换流站交流侧和直流侧的电流、电压如图 4-17 ~ 图 4-20 所示。

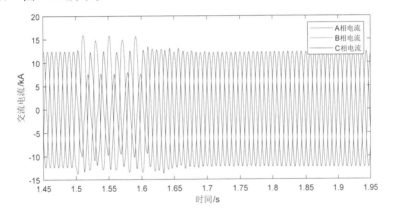

图 4-17　昆北换流站换流阀侧两相短路故障交流电流

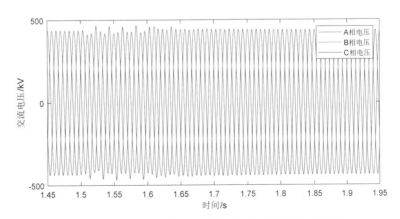

图 4-18　昆北换流站换流阀侧两相短路故障交流电压

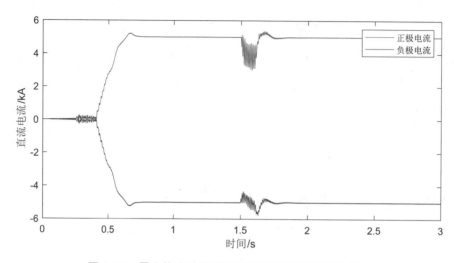

图 4-19　昆北换流站换流阀侧两相短路故障直流电流

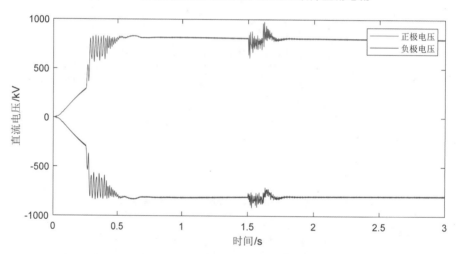

图 4-20　昆北换流站换流阀侧两相短路故障直流电压

图 4-17 ~ 图 4-20 中横坐标均表示时间，纵坐标分别表示电压或电流。故障发生时刻为 1.5 s，故障持续时间为 0.1 s。从图 4-17 和图 4-18 可以发现，当昆北换流站阀侧发生两相短路时，故障相电流升高，非故障相电流下降，而昆北换流站交流系统的交流电压受其影响较小。故障切除后交流系统电流逐渐恢复正常。从图 4-19 和图 4-20 可以看出，当昆北换流站阀侧发生两相短路时，直流母线电流下降，而直流母线电压在额定电压附近波动，随着故障的消失，昆北换流站的直流母线电压和电流逐渐恢复至额定电压和额定电流。

4.2.3　正极线对地短路故障仿真

模拟昆北换流站直流出口处正极线对地短路故障，昆北换流站交流侧和直流侧的电流和电压如图 4-21 ~ 4-24 所示。

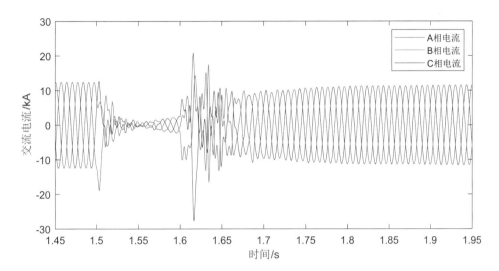

图 4-21　昆北换流站正极线对地短路故障交流电流

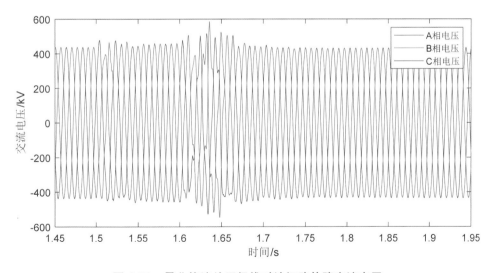

图 4-22　昆北换流站正极线对地短路故障交流电压

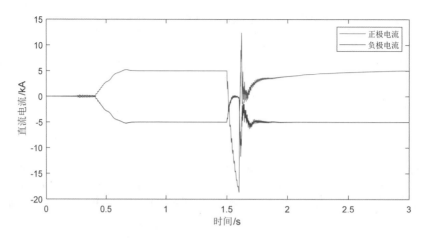

图 4-23　昆北换流站正极线对地短路故障直流电流

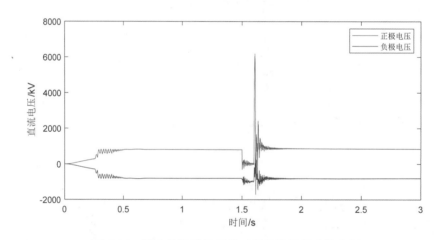

图 4-24　昆北换流站正极线对地短路故障直流电压

　　图 4-21～图 4-24 中横坐标均表示时间，纵坐标分别表示电压或电流。故障发生时刻为 1.5 s，故障持续时间为 0.1 s。从图 4-21 和图 4-22 可以发现，当昆北换流站直流侧出口处发生正极线对地短路时，昆北换流站交流系统的电流发生严重振荡，此时交流电流值大幅度降低。而交流系统的电压也发生振荡，但幅值变化较小。故障切除后交流系统电流、电压逐渐恢复正常。从图 4-23 和图 4-24 可以发现，当昆北换流站直流侧出口处发生正极线对地短路时，昆北换流站直流母线电流直线下降，在故障期间，直流电压保持在零附近波动，随着故障的消失，直流电流和电压因控制器的调节作用逐渐恢复至额定状态。

4.2.4 正极线对中性点短路故障仿真

模拟昆北换流站直流出口处正极线对中性点短路故障时，昆北换流站交流侧和直流侧的电流和电压如图 4-25 ~ 图 4-28 所示。

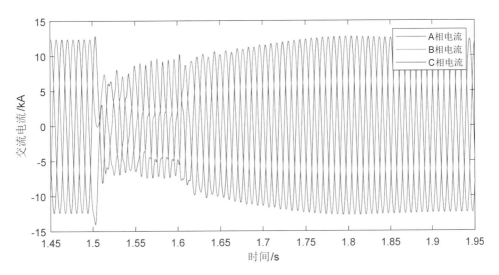

图 4-25 昆北换流站正极线对中性点短路故障交流电流

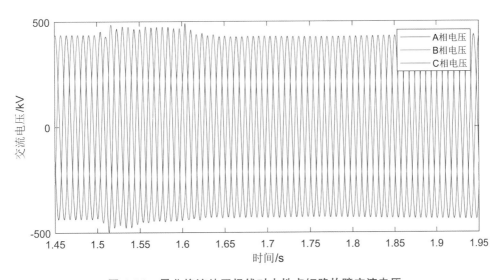

图 4-26 昆北换流站正极线对中性点短路故障交流电压

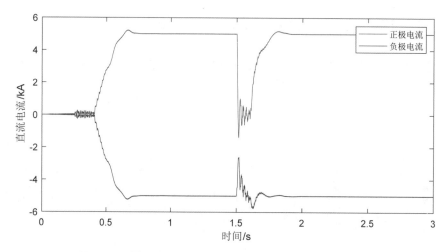

图 4-27　昆北换流站正极线对中性点短路故障直流电流

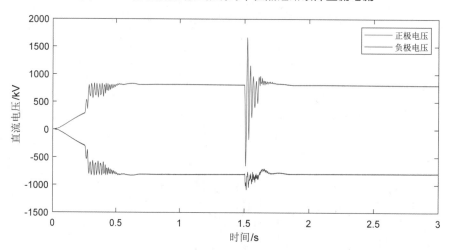

图 4-28　昆北换流站正极线对中性点短路故障直流电压

图 4-25～图 4-28 中，横坐标均表示时间，纵坐标分别表示电流或电压。故障发生时刻为 1.5 s，故障持续时间为 0.1 s。从图 4-25 和图 4-26 可以发现，当昆北换流站直流侧出口处发生正极线对中性点短路时，昆北换流站交流系统的电流发生严重振荡，此时交流电流幅值减小，而交流系统的交流电压幅值增大。故障切除后交流系统电流、电压逐渐恢复正常。从图 4-27 和图 4-28 可以发现，当昆北换流站直流侧出口处发生正极线对中性点短路时，直流电流和直流电压迅速下降，经过短时振荡，随着故障的切除，直流电压和电流恢复正常。

4.2.5 正、负极线短路故障仿真

模拟昆北换流站直流出口处正、负极线短路时，昆北换流站交流侧和直流侧的电流和电压如图 4-29 ~ 图 4-32 所示。

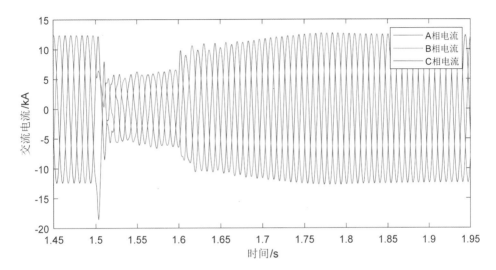

图 4-29　昆北换流站正、负极线短路故障交流电流

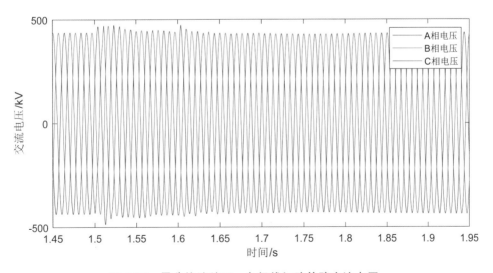

图 4-30　昆北换流站正、负极线短路故障交流电压

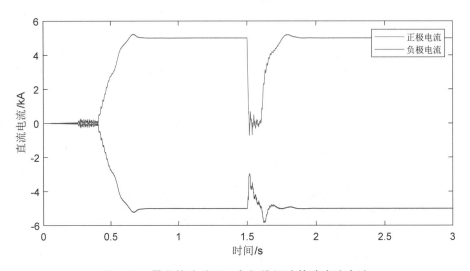

图 4-31　昆北换流站正、负极线短路故障直流电流

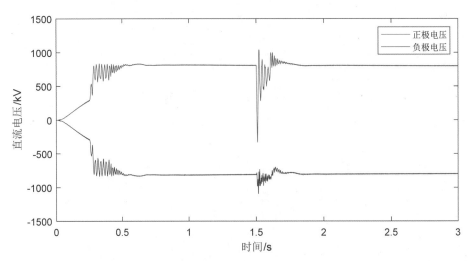

图 4-32　昆北换流站正、负极线短路故障直流电压

　　图 4-29 ~ 图 4-32 中横坐标均表示时间，纵坐标分别表示电流或电压。故障发生时刻为 1.5 s，故障持续时间为 0.1 s。从图 4-29 和图 4-30 可以发现，当昆北换流站直流侧出口处发生正、负极线短路时，交流系统的电流发生振荡，并迅速下降，交流电压幅值增大。故障切除后交流系统电流、电压逐渐恢复正常。从图 4-31 和图 4-32 可以发现，当昆北换流站直流侧出口处发生正、负极线短路时，直流电流和直流电压迅速下降，经过短时振荡，随着故障的切除，直流电压和电流恢复正常。

4.3 云南—广西段输电线路故障仿真

特高压多端混合直流输电线路供电距离远，且工作环境复杂，直流输电线路经常发生大量的接地故障。下面模拟昆北—柳北线路的首端、中点以及末端位置发生不同过渡电阻接地故障时，保护装置测得的电压、电流的变化情况。

4.3.1 线路正极首端接地故障仿真

模拟昆北—柳北线路正极，线路首端发生金属性接地时，线路首端的电流和电压如图 4-33 和图 4-34 所示。

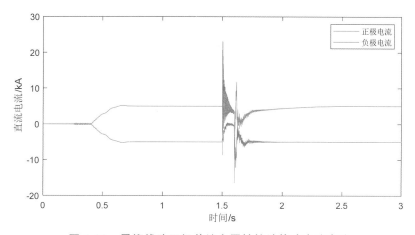

图 4-33　昆柳线路正极首端金属性接地故障直流电流

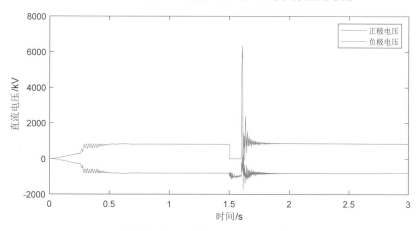

图 4-34　昆柳线路正极首端金属性接地故障直流电压

　　模拟昆北—柳北线路正极，线路首端发生非金属性接地故障，过渡电阻为 300 Ω时，线路首端的电流和电压如图 4-35 和图 4-36 所示。

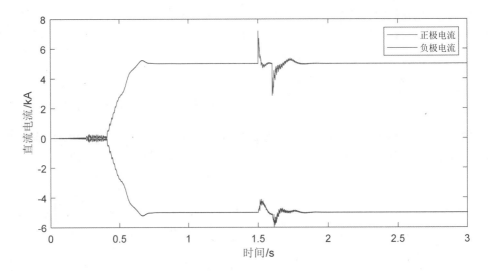

图 4-35　昆柳线路正极首端 300 Ω接地故障直流电流

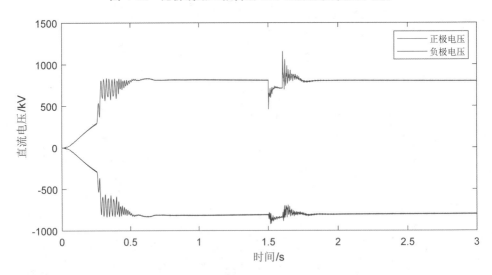

图 4-36　昆柳线路正极首端 300 Ω接地故障直流电压

　　模拟昆北—柳北线路正极，线路首端发生非金属性接地，过渡电阻为 500 Ω时，线路首端的电流和电压如图 4-37 和图 4-38 所示。

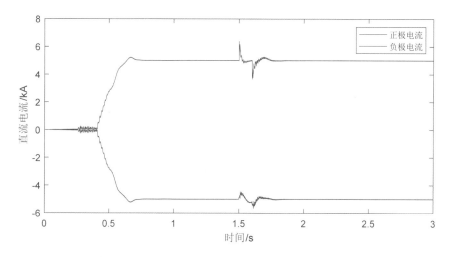

图 4-37   昆柳线路正极首端 500 Ω 接地故障时直流电流

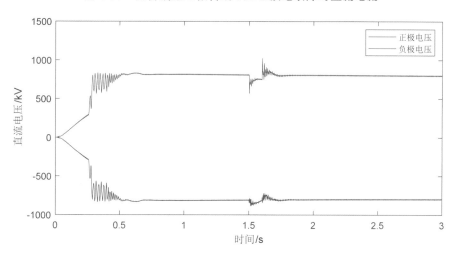

图 4-38   昆柳线路正极首端 500 Ω 接地故障时直流电压

图 4-33 ~ 图 4-38 是昆柳段正极直流输电线路首端发生接地故障时直流电流、电压波形图。图中横坐标均表示时间，纵坐标分别表示电压或电流。过渡电阻分别为 300 Ω 和 500 Ω，故障发生时刻为 1.5 s，故障持续时间为 0.1 s。比较图 4-33、4-35、4-37 可以看出：随着过渡电阻的增加，故障电流波动幅度逐渐减小，过渡电阻对短路电流有明显的抑制现象。比较图 4-34、4-36、4-38 可以看出：随着过渡电阻的增加，故障电压波动幅度也逐渐减小；随着故障的切除，电压逐渐恢复稳定，但在恢复过程中存在过电压现象。

4.3.2 线路正极中点接地故障仿真

模拟昆北—柳北线路正极，线路中点发生金属性接地时，保护装置测得的电压、电流的变化情况如图 4-39 和图 4-40 所示。

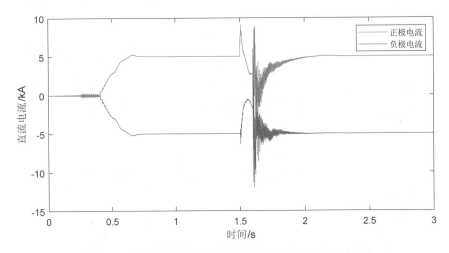

图 4-39　昆柳线路正极中点金属性接地故障时直流电流

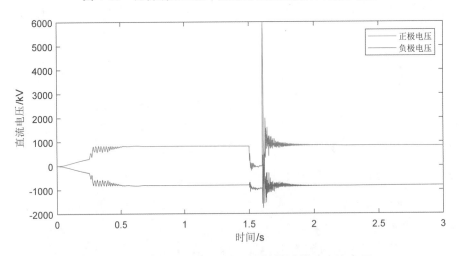

图 4-40　昆柳线路正极中点金属性接地故障直流电压

模拟昆北—柳北线路正极，线路中点发生非金属性接地，过渡电阻为 300 Ω时，保护装置测得的电压、电流的变化情况如图 4-41 和图 4-42 所示。

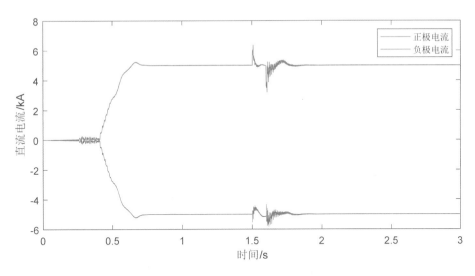

图 4-41　昆柳线路正极中点 300 Ω 接地故障时直流电流

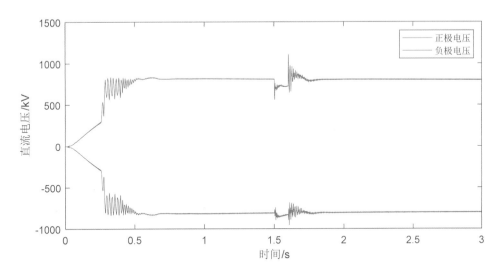

图 4-42　昆柳线路正极中点 300 Ω 接地故障时直流电压

　　模拟昆北—柳北线路正极，线路中点发生非金属性接地，过渡电阻为 500 Ω 时，保护装置测得的电压、电流的变化情况如图 4-43 和图 4-44 所示。

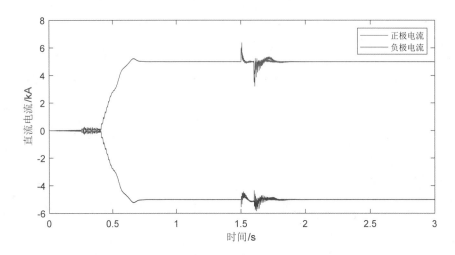

图 4-43　昆柳线路正极中点 500 Ω接地故障时直流电流

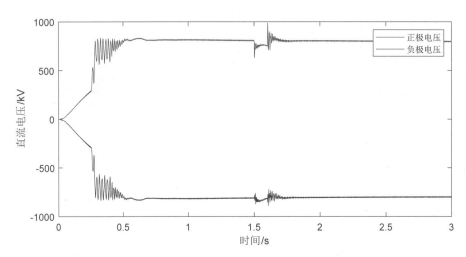

图 4-44　昆柳线路正极中点 500 Ω接地故障时直流电压

图 4-39～图 4-44 是昆柳段正极直流输电线路中点发生接地故障时直流电流、电压波形图。图中横坐标均表示时间，纵坐标分别表示电压或电流。过渡电阻分别为 300 Ω和 500 Ω，故障发生时刻为 1.5 s，故障持续时间为 0.1 s。比较图 4-39、4-41、4-43 可以看出：随着过渡电阻的增加，故障电流波动幅度逐渐减小，过渡电阻对短路电流有明显的抑制现象。比较图 4-40、4-42、4-44 可以看出：随着过渡电阻的增加，故障电压波动也逐渐减小，随着故障的切除，短路电压在恢复时，存在过电压现象；随着过渡电阻的增加，过电压有明显的下降。

4.3.3 线路正极末端接地故障仿真

模拟昆北—柳北线路正极，线路末端发生金属性接地时，保护装置测得的电压、电流的变化情况如图 4-45 和图 4-46 所示。

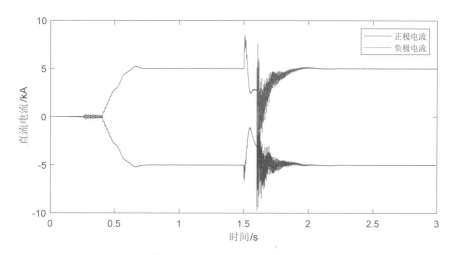

图 4-45 昆柳线路正极末端金属性接地故障直流电流

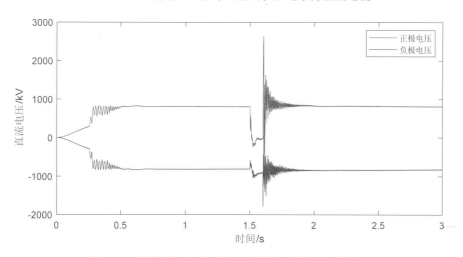

图 4-46 昆柳线路正极末端金属性接地故障直流电压

模拟昆北—柳北线路正极，线路末端发生非属性接地时，过渡电阻为 300 Ω，保护装置测得的电压、电流的变化情况如图 4-47 和图 4-48 所示。

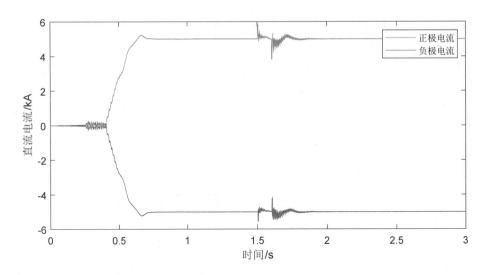

图 4-47　昆柳线路正极末端 300 Ω接地故障时直流电流

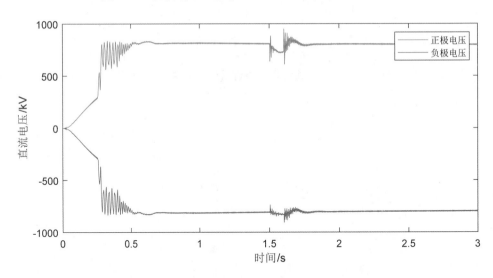

图 4-48　昆柳线路正极末端 300 Ω接地故障时直流电压

　　模拟昆北—柳北线路正极，线路末端发生非金属性接地，过渡电阻为 500 Ω，线路保护装置测得的电压、电流的变化情况如图 4-49 和图 4-50 所示。

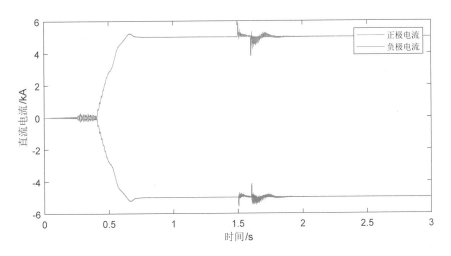

图 4-49 昆柳线路正极末端 500 Ω接地故障时直流电流

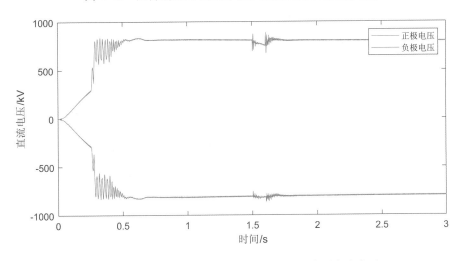

图 4-50 昆柳线路正极末端 500 Ω接地故障时直流电压

图 4-45 ~ 图 4-50 是昆柳段正极直流输电线路末端发生接地故障时直流电流、电压波形图。图中横坐标均表示时间，纵坐标分别表示电流或电压。过渡电阻分别为 300 Ω和 500 Ω，故障发生时刻为 1.5 s，故障持续时间为 0.1 s。比较图 4-45、4-47、4-49 可以看出：随着过渡电阻的增加，故障电流波动幅度逐渐减小，过渡电阻对短路电流有明显的抑制现象。比较图 4-46、4-48、4-50 可以看出：随着过渡电阻的增加，故障电压波动幅度逐渐减小。随着故障的切除，短路电压在恢复时，存在过电压现象；随着过渡电阻的增加，过电压有明显的下降。

4.3.4　线路负极首端端接地故障仿真

模拟昆北—柳北线路负极，线路首端发生金属性接地时，保护装置测得的电压、电流的变化情况如图 4-51 和图 4-52 所示。

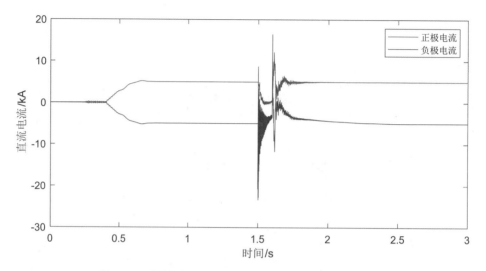

图 4-51　昆柳线路负极首端金属性接地故障直流电流

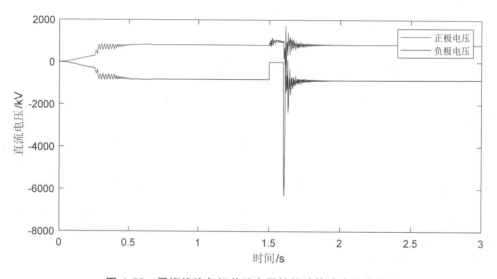

图 4-52　昆柳线路负极首端金属性接地故障直流电压

模拟昆北—柳北线路负极，线路首端发生非金属性接地，过渡电阻为 300 Ω时，保护装置测得的电压、电流的变化情况如图 4-53 和图 4-54 所示。

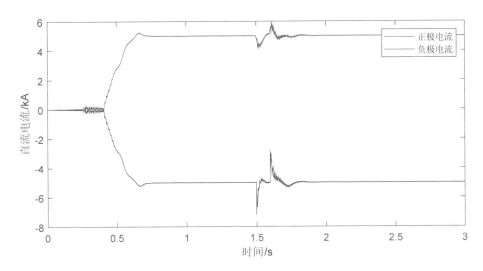

图 4-53 昆柳线路负极首端 300 Ω接地故障时直流电流

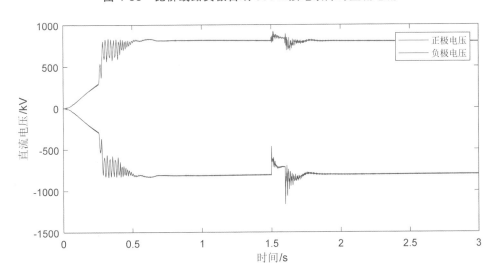

图 4-54 昆柳线路负极首端 300 Ω接地故障时直流电压

模拟昆北—柳北线路负极，线路首端发生非金属性接地，过渡电阻为 500 Ω时，保护装置测得的电压、电流的变化情况如图 4-55 和图 4-56 所示。

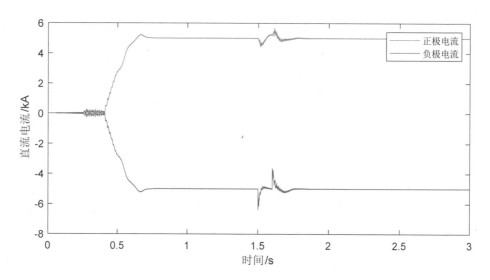

图 4-55 昆柳线路负极首端 500 Ω接地故障时直流电流

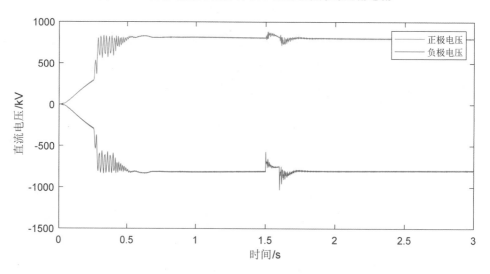

图 4-56 昆柳线路负极首端 500 Ω接地故障时直流电压

图 4-51～图 4-56 是昆柳段负极直流输电线路首端发生接地故障时直流电流、电压波形图。图中横坐标均表示时间，纵坐标分别表示电压或电流。过渡电阻分别为 300 Ω和 500 Ω，故障发生时刻为 1.5 s，故障持续时间为 0.1 s。比较图 4-51、4-53、4-55 可以看出：随着过渡电阻的增加，故障电流波动逐渐减小，过渡电阻对短路电流有明显的抑制现象。比较图 4-52、4-54、4-56 可以看出：随着过渡电阻的增加，故障电压波动也逐渐

减小。随着故障的切除，短路电压在恢复时，存在过电压现象；随着过渡电阻的增加，过电压有明显的下降。

4.3.5　线路负极中点接地故障仿真

模拟昆北—柳北线路负极，线路中点发生金属性接地时，保护装置测得的电压、电流的变化情况如图 4-57 和图 4-58 所示。

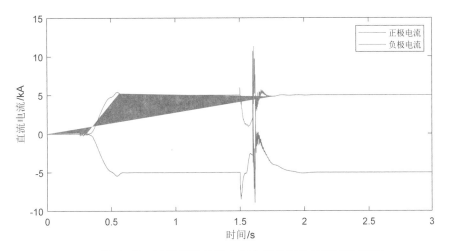

图 4-57　昆柳线路负极中点金属性接地故障直流电流

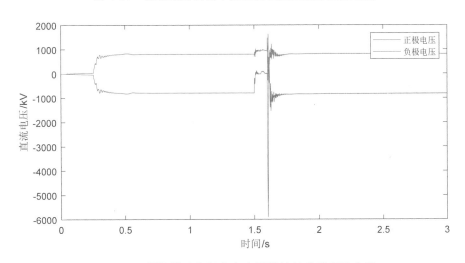

图 4-58　昆柳线路负极中点金属性接地故障直流电压

模拟昆北—柳北线路负极，线路中点发生非金属性接地，过渡电阻为 300 Ω时，保护装置测得的电压、电流的变化情况如图 4-59 和图 4-60 所示。

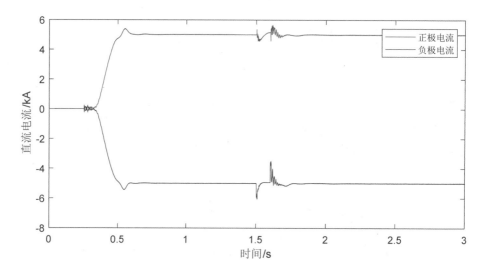

图 4-59   昆柳线路负极中点 300 Ω接地故障时直流电流图

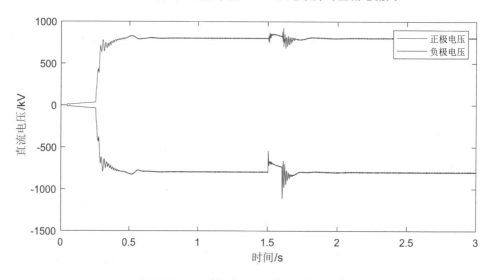

图 4-60   昆柳线路负极中点 300 Ω接地故障时直流电压图

模拟昆北—柳北线路负极，线路中点发生非金属性接地，过渡电阻为 500 Ω时，保护装置测得的电压、电流的变化情况如图 4-61 和图 4-62 所示。

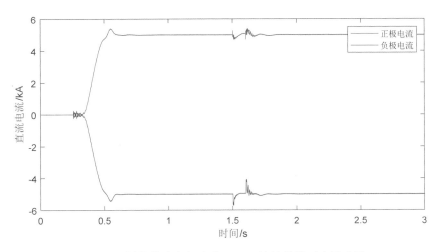

图 4-61 昆柳线路负极中点 500 Ω接地故障时直流电流

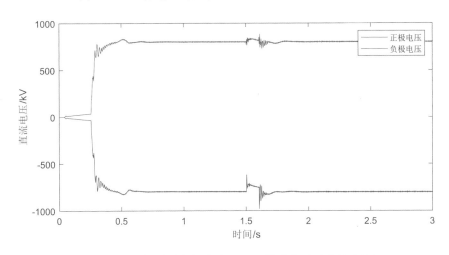

图 4-62 昆柳线路负极中点 500 Ω接地故障时直流电压

图 4-57 ~ 图 4-62 是昆柳段负极直流输电线路中点发生接地故障时直流电流、电压波形图。图中横坐标均表示时间，纵坐标分别表示电流或电压。过渡电阻分别为 300 Ω和 500 Ω，故障发生时刻为 1.5 s，故障持续时间为 0.1 s。比较图 4-57、4-59、4-61 可以看出：随着过渡电阻的增加，故障电流波动幅度逐渐减小，过渡电阻对短路电流有明显的抑制现象。比较图 4-58、4-60、4-62 可以看出随着过渡电阻的增加，故障电压波动幅度也逐渐减小。随着故障的切除，短路电压在恢复时，存在过电压现象；随着过渡电阻的增加，过电压有明显的下降。

4.3.6　线路负极末端接地故障仿真

模拟昆北—柳北线路负极，线路末端发生金属性接地时，保护装置测得的电压、电流的变化情况如图 4-63 和图 4-64 所示。

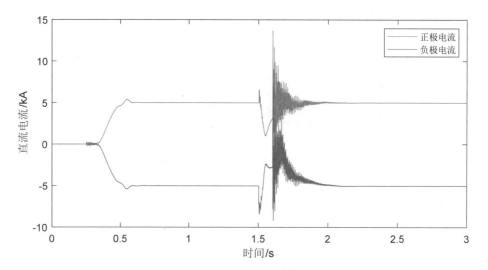

图 4-63　昆柳线路负极末端金属性接地故障直流电流

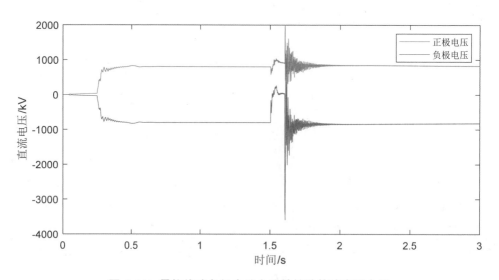

图 4-64　昆柳线路负极末端金属性接地故障直流电压

模拟昆北—柳北线路负极，线路末端发生非金属性接地，过渡电阻为 300 Ω时，保护装置测得的电压、电流的变化情况如图 4-65 和图 4-66 所示。

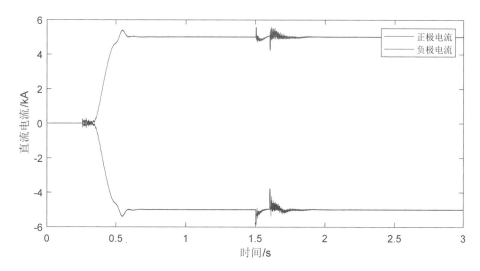

图 4-65　昆柳线路负极末端 300 Ω接地故障时直流电流

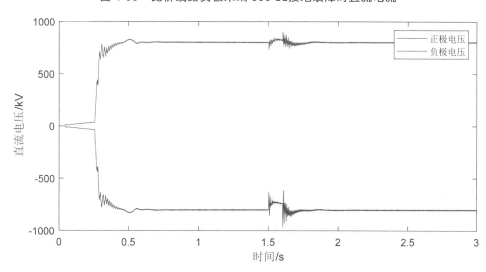

图 4-66　昆柳线路负极末端 300 Ω接地故障时直流电压

模拟昆北—柳北线路负极，线路末端发生非金属性接地，过渡电阻为 500 Ω时，保护装置测得的电压、电流的变化情况如图 4-67 所示。

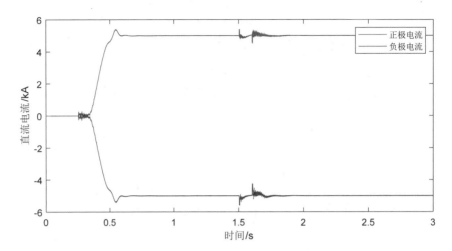

图 4-67　昆柳线路负极末端 500 Ω接地故障时直流电流

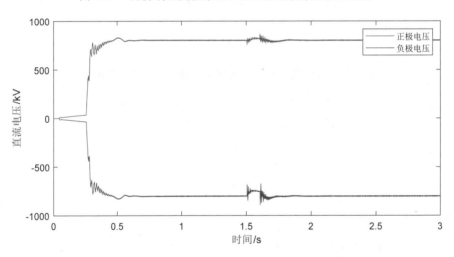

图 4-68　昆柳线路负极末端 500 Ω接地故障时直流电压

图 4-63 ~ 图 4-68 是昆柳段负极直流输电线路末端发生接地故障时直流电流、电压波形图。图中横坐标均表示时间，纵坐标分别表示电流或电压。过渡电阻分别为 300 Ω和 500 Ω，故障发生时刻为 1.5 s，故障持续时间为 0.1 s。比较图 4-63、4-65、4-67 可以看出：随着过渡电阻的增加，故障电流波动幅度逐渐减小，过渡电阻对短路电流有明显的抑制现象。比较图 4-64、4-66、4-68 可以看出：随着过渡电阻的增加，故障电压波动幅度也逐渐减小。随着故障的切除，短路电压在恢复时，存在过电压现象；随着过渡电阻的增加，过电压有明显的下降。

4.4　广西—广东段输电线路故障仿真

特高压多端混合直流输电线路供电距离远，且工作环境复杂，直流输电线路经常发生大量的接地故障。下面模拟柳北—龙门线路的首端、中点以及末端位置发生不同过渡电阻接地故障时，保护装置测得的电压、电流的变化情况。

4.4.1　线路正极首端接地故障仿真

模拟柳北—龙门线路正极，当线路首端发生金属性接地故障时，保护装置测得的电压、电流的变化情况如图 4-69 和图 6-70 所示。

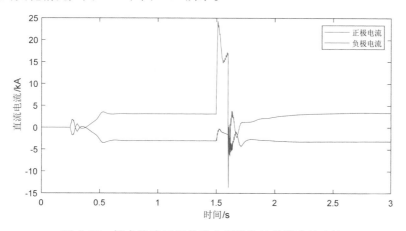

图 4-69　柳龙线路正极首端金属性接地故障直流电流

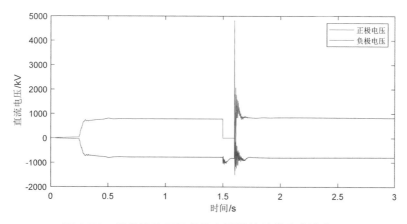

图 4-70　柳龙线路正极首端金属性接地故障直流电压

　　模拟柳北—龙门线路正极，线路首端发生非金属性接地故障，过渡电阻为 300 Ω时，保护装置测得的电压、电流的变化情况如图 4-71 和图 4-72 所示。

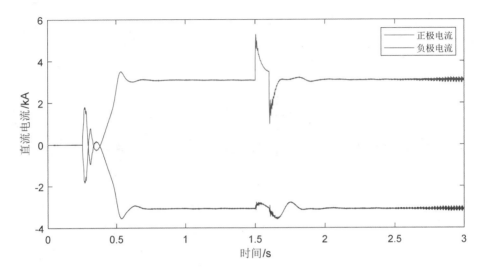

图 4-71　柳龙线路正极首端 300 Ω接地故障时直流电流图

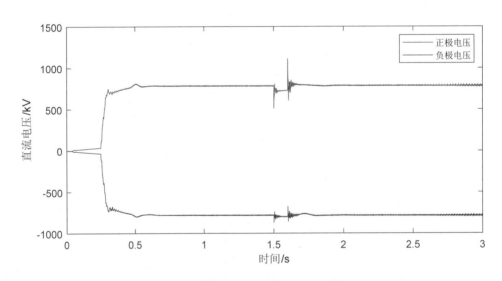

图 4-72　柳龙线路正极首端 300 Ω接地故障时直流电压

　　模拟柳北—龙门线路正极，线路首端发生非金属性接地故障，过渡电阻为 500 Ω时，保护装置测得的电压、电流的变化情况如图 4-73 和图 4-74 所示。

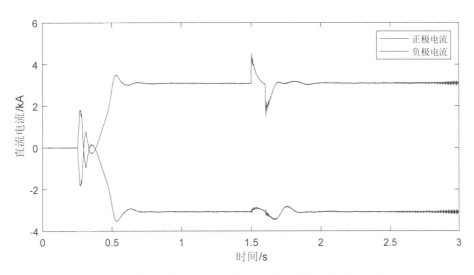

图 4-73   柳龙线路正极首端 500 Ω 接地故障时直流电流

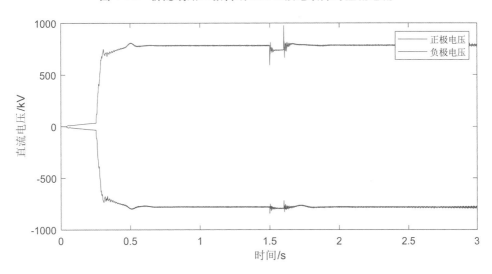

图 4-74   柳龙线路正极首端 500 Ω 接地故障时直流电压

图 4-69 ~ 图 4-74 是柳龙段正极直流输电线路首端发生接地故障时直流电流、电压波形图。图中横坐标均表示时间，纵坐标分别表示电流或电压。过渡电阻分别为 300 Ω 和 500 Ω，故障发生时刻为 1.5 s，故障持续时间为 0.1 s。比较图 4-69、4-71、4-73 可以看出：随着过渡电阻的增加，故障电流波动幅度逐渐减小，过渡电阻对短路电流有明显的抑制现象。比较图 4-70、4-72、4-74 可以看出：随着过渡电阻的增加，故障电压波动幅度也逐渐减小。随着故障的切除，短路电压在恢复时，存在过电压现象；随着过渡电阻

的增加，过电压有明显的下降。

4.4.2　线路正极中点接地故障仿真

模拟柳北—龙门线路正极，线路中点发生金属性接地故障时，保护装置测得的电压、电流的变化情况如图 4-75 和图 4-76 所示。

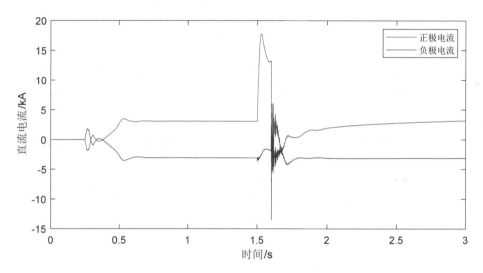

图 4-75　柳龙线路正极中点金属性接地故障直流电流

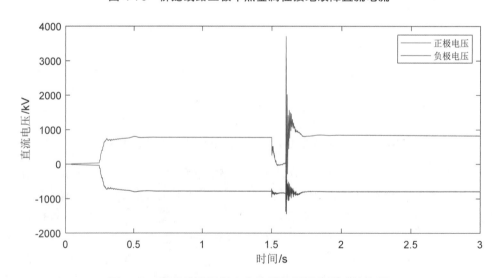

图 4-76　柳龙线路正极中点金属性接地故障直流电压

模拟柳北—龙门线路正极，线路中点发生非金属性接地故障，过渡电阻为 300 Ω时，保护装置测得的电压、电流的变化情况如图 4-77 和图 4-78 所示。

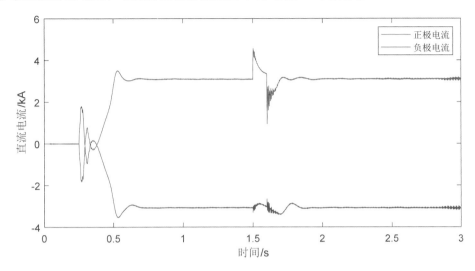

图 4-77 柳龙线路正极中点 300 Ω接地故障时直流电流

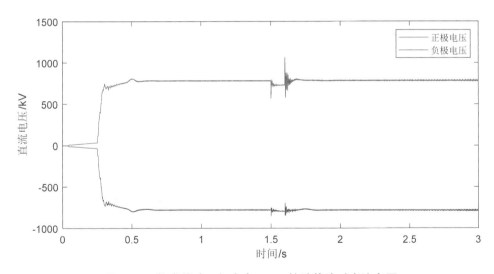

图 4-78 柳龙线路正极中点 300 Ω接地故障时直流电压

模拟柳北—龙门线路正极，线路中点发生非金属性接地故障，过渡电阻为 500 Ω时，保护装置测得的电压、电流的变化情况图 4-79 和图 4-80 所示。

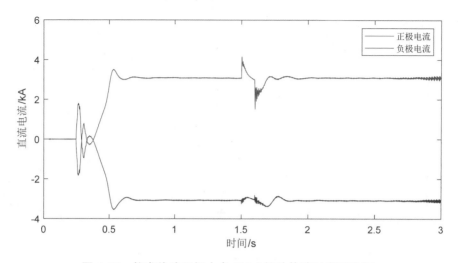

图 4-79　柳龙线路正极中点 500 Ω接地故障时直流电流

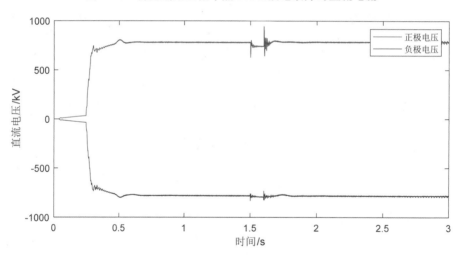

图 4-80　柳龙线路正极中点 500 Ω接地故障时直流电压

　　图 4-75～图 4-80 是柳龙段正极直流输电线路中点发生接地故障时直流电流、电压波形图。图中横坐标均表示时间，纵坐标分别表示电压或电流。过渡电阻分别为 300 Ω和 500 Ω，故障发生时刻为 1.5 s，故障持续时间为 0.1 s。比较图 4-75、4-77、4-79 可以看出：随着过渡电阻的增加，故障电流波动幅度逐渐减小，过渡电阻对短路电流有明显的抑制现象。比较图 4-76、4-78、4-80 可以看出：随着过渡电阻的增加，故障电压波动幅度也逐渐减小。随着故障的切除，短路电压在恢复时，存在过电压现象；随着过渡电阻的增加，过电压有明显的下降。

4.4.3　线路正极末端接地故障仿真

模拟柳北—龙门线路正极,线路末端发生金属性接地故障时,保护装置测得的电压、电流的变化情况如图 4-81 和图 4-82 所示。

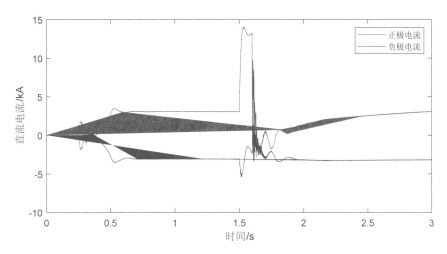

图 4-81　柳龙线路正极末端金属性接地故障时直流电流

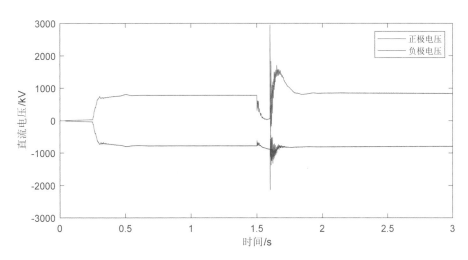

图 4-82　柳龙线路正极末端金属性接地故障直流电压

模拟柳北—龙门线路正极,线路末端发生非金属性接地故障,过渡电阻为 300 Ω时,保护装置测得的电压、电流的变化情况如图 4-83 和 4-84 所示。

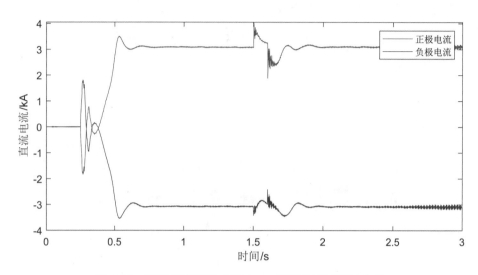

图 4-83　柳龙线路正极末端 300 Ω接地故障时直流电流

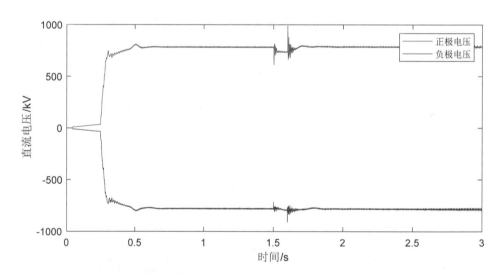

图 4-84　柳龙线路正极末端 300 Ω接地故障时直流电压

模拟柳北—龙门线路正极，线路末端发生非金属性接地故障，过渡电阻为 500 Ω时，保护装置测得的电压、电流的变化情况如图 4-85 和图 4-86 所示。

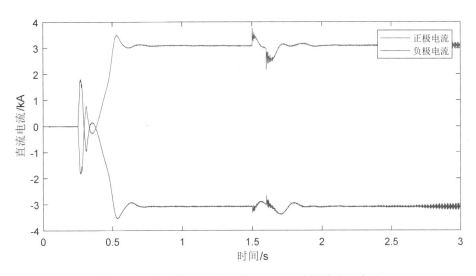

图 4-85　柳龙线路正极末端 500 Ω接地故障直流电流

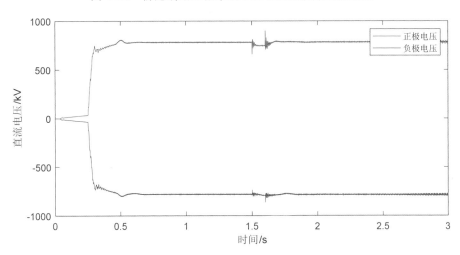

图 4-86　柳龙线路正极末端 500 Ω接地故障时直流电压

图 4-81 ~ 图 4-86 是柳龙段正极直流输电线路末端发生接地故障时的直流电流、电压波形图。图中横坐标均表示时间，纵坐标分别表示电流或电压。过渡电阻分别为 300 Ω和 500 Ω，故障发生时刻为 1.5 s，故障持续时间为 0.1 s。比较图 4-81、4-83、4-85 可以看出：随着过渡电阻的增加，故障电流波动幅度逐渐减小，过渡电阻对短路电流有明显的抑制现象。比较图 4-82、4-84、4-86 可以看出：随着过渡电阻的增加，故障电压波动幅度也逐渐减小。随着故障的切除，短路电压在恢复时，存在过电压现象；随着过渡电阻的增加，过电压有明显的下降。

4.4.4　线路负极首端接地故障仿真

模拟柳北—龙门线路负极,线路首端发生金属性接地故障时,保护装置测得的电压、电流的变化情况如图 4-87 和图 4-88 所示。

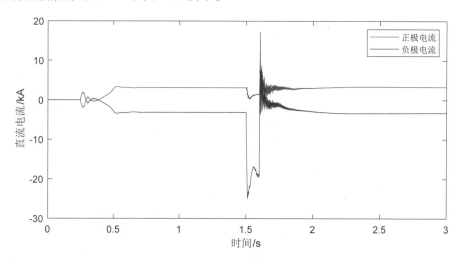

图 4-87　柳龙线路负极首端金属性接地故障直流电流

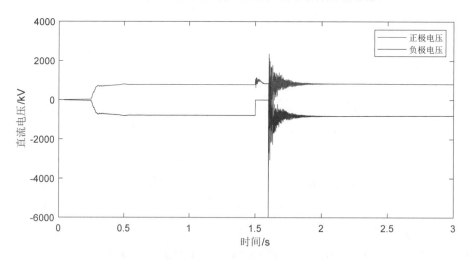

图 4-88　柳龙线路负极首端金属性接地故障直流电压

模拟柳北—龙门线路负极,线路首端发生非金属性接地故障,过渡电阻为 300 Ω时,保护装置测得的电压、电流的变化情况如图 4-89 和图 4-90 所示。

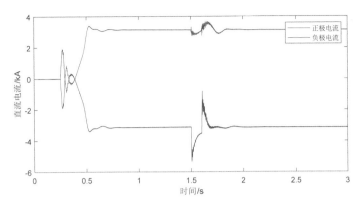

图 4-89 柳龙线路负极首端 300 Ω接地故障时直流电流

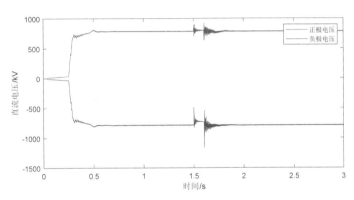

图 4-90 柳龙线路负极首端 300 Ω接地故障时直流电压

模拟柳北—龙门线路负极,线路首端发生非金属性接地故障,过渡电阻为 500 Ω时,保护装置测得的电压、电流的变化情况如图 4-91 和图 4-92 所示。

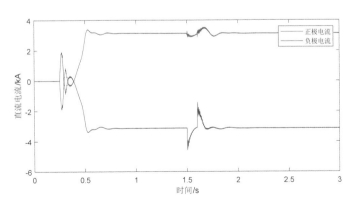

图 4-91 柳龙线路负极首端 500 Ω接地故障时直流电流

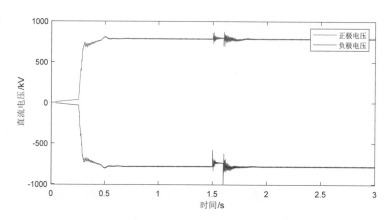

图 4-92　柳龙线路负极首端 500 Ω接地故障直流电压

图 4-87 ~ 图 4-92 是柳龙段负极直流输电线路首端发生接地故障时的直流电流、电压波形图。图中横坐标均表示时间，纵坐标分别表示电流或电压。过渡电阻分别为 300 Ω 和 500 Ω，故障发生时刻为 1.5 s，故障持续时间为 0.1 s。比较图 4-87、4-89、4-91 可以看出：随着过渡电阻的增加，故障电流波动幅度逐渐减小。比较图 4-88、4-90、4-92 可以看出：随着过渡电阻的增加，故障电压波动幅度也逐渐减小。

4.4.5　线路负极中点接地故障仿真

模拟柳北—龙门线路负极，线路中点发生金属性接地故障时，保护装置测得的电压、电流的变化情况如图 4-93 和图 4-94 所示。

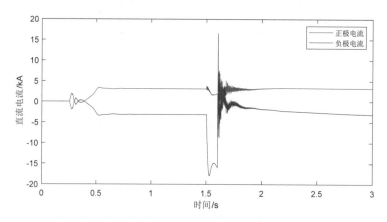

图 4-93　柳龙线路负极中点金属性接地故障直流电流

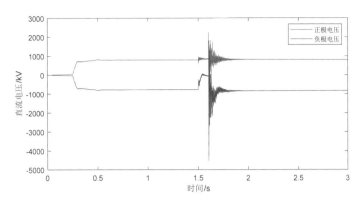

图 4-94 柳龙线路负极中点金属性接地故障直流电压

模拟柳北—龙门线路负极，线路中点发生非金属性接地故障，过渡电阻为 300 Ω 时，保护装置测得的电压、电流的变化情况如图 4-95 和图 4-96 所示：

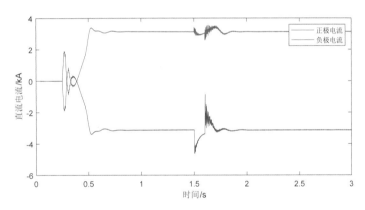

图 4-95 柳龙线路负极中点 300 Ω 接地故障时直流电流

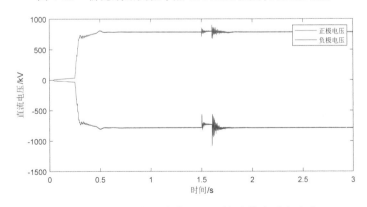

图 4-96 柳龙线路负极中点 300 Ω 接地故障时直流电压

模拟柳北—龙门线路负极，线路中点发生非金属性接地故障，过渡电阻为 500 Ω 时，保护装置测得的电压、电流的变化情况如图 4-97 和图 4-98 所示。

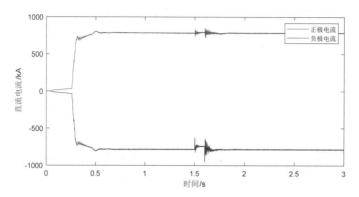

图 4-97 柳龙线路负极中点 500 Ω 接地故障时直流电流

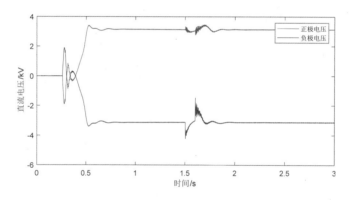

图 4-98 柳龙线路负极中点 500 Ω 接地故障时直流电压

图 4-93 ~ 图 4-98 是柳龙段负极直流输电线路中点发生接地故障时的直流电流、电压波形图。图中横坐标有表示时间，纵坐标分别表示电压或电流。过渡电阻分别为 300 Ω 和 500 Ω，故障发生时刻为 1.5 s，故障持续时间为 0.1 s。比较图 4-93、4-95、4-97 可以看出：随着过渡电阻的增加，故障电流波动幅度逐渐减小。比较图 4-94、4-96、4-98 可以看出：随着过渡电阻的增加，故障电压波动幅度也逐渐减小。

4.4.6 线路负极末端接地故障仿真

模拟柳北—龙门线路负极，线路末端发生金属性接地故障时，保护装置测得的电压、电流的变化情况如图 4-99 和图 4-100 所示。

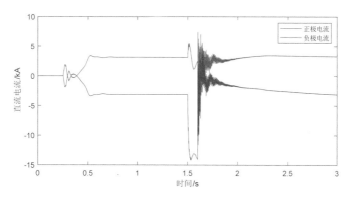

图 4-99　柳龙线路负极末端金属性接地故障直流电流

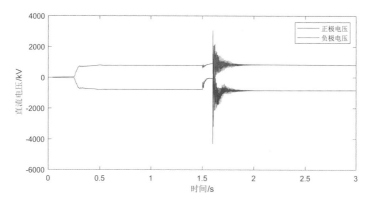

图 4-100　柳龙线路负极末端金属性接地故障直流电压

模拟柳北—龙门线路负极,线路末端发生非金属性接地故障,过渡电阻为 300 Ω时,保护装置测得的电压、电流的变化情况如图 4-101 和图 4-102 所示。

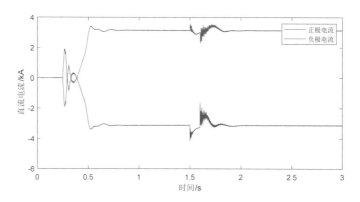

图 4-101　柳龙线路负极末端 300 Ω接地故障时直流电流

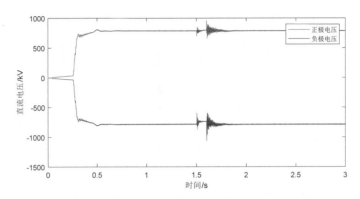

图 4-102　柳龙线路负极末端 300 Ω 接地故障时直流电压

模拟柳北—龙门线路负极，线路末端发生非金属性接地故障，过渡电阻为 500 Ω 时，保护装置测得的电压、电流的变化情况如图 4-103 和图 4-104 所示。

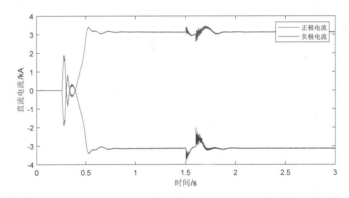

图 4-103　柳龙线路负极末端 500 Ω 接地故障时直流电流

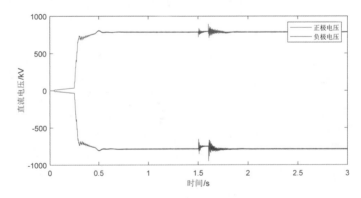

图 4-104　柳龙线路负极末端 500 Ω 接地故障时直流电压

图 4-99 ~ 图 4-104 是柳龙段负极直流输电线路末端发生接地故障时的直流电流、电压波形图。图中横坐标均表示时间，纵坐标分别表示电流或电压。过渡电阻分别为 300 Ω 和 500 Ω，故障发生时刻为 1.5 s，故障持续时间为 0.1 s。比较图 4-99、4-101、4-103 可以看出：随着过渡电阻的增加，故障电流波动幅度逐渐减小。比较图 4-100、4-102、4-104 可以看出：随着过渡电阻的增加，故障电压波动幅度也逐渐减小。

4.5 广西侧交流系统故障仿真

在 PSCAD/EMTDC 中搭建的昆柳龙特高压多端混合直流输电系统模型中模拟柳北侧交流系统故障，其中故障类型包括 A 相金属性接地短路，A、B 两相金属性短路，A、B、C 三相金属性接地短路。本节分析柳北换流站在各种故障情况下交流系统和直流系统的电流、电压变化情况。

4.5.1 A 相接地短路故障仿真

模拟柳北换流站发生 A 相接地故障时，柳北侧交流系统的三相交流电压、三相交流电流、柳北侧直流母线的电流和电压如图 4-105 ~ 图 4-108 所示。

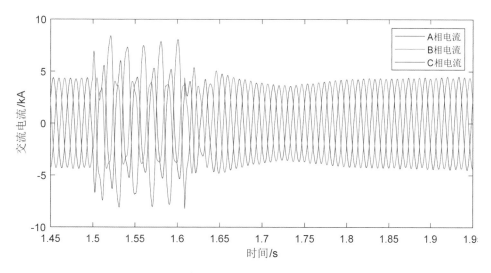

图 4-105 柳北换流站 A 相金属性接地故障交流电流

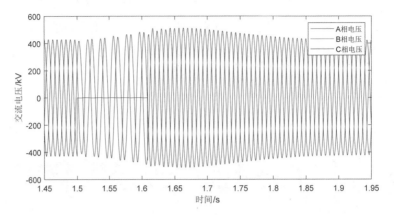

图 4-106 柳北换流站 A 相金属性接地故障交流电压

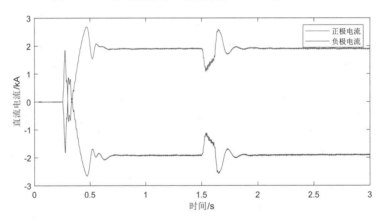

图 4-107 柳北换流站 A 相金属性接地故障直流电流

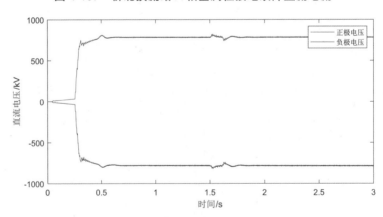

图 4-108 柳北换流站 A 相金属性接地故障直流电压

图 4-105 ~ 图 4-108 是柳北侧交流系统发生 A 相金属性短路故障时柳北侧交流系统电压、电流波形图和柳北侧直流电压、电流波形图。图中横坐标均表示时间，纵坐标表示电流或电压。故障发生时刻为 1.5 s，故障持续时间为 0.1 s。从图 4-105 可以看出：A 相发生金属性故障时，A、C 相电流幅值明显增大，B 相电流幅值有所下降，三相电流不再对称，故障切除后交流系统电流、电压逐渐恢复正常。从图 106 可以看出：A 相发生金属性接地故障时，A 相电压下降到零，B、C 相电压轻微上升，故障切除后交流系统电流、电压逐渐恢复正常。从图 4-107、图 4-108 可以看出：柳北侧交流系统发生 A 相金属性接地故障时，直流系统的暂态电压、电流呈现对称特性，柳北侧直流电流呈现明显的下降趋势，直流电压略微上升。故障切除后电压、电流逐渐恢复稳定。

4.5.2 A、B 两相短路故障仿真

模拟柳北换流站发生 A、B 两相短路故障时，柳北侧交流系统的三相交流电流、三相交流电压、柳北侧直流母线的电流和电压分别如图 4-109 ~ 图 4-112 所示。

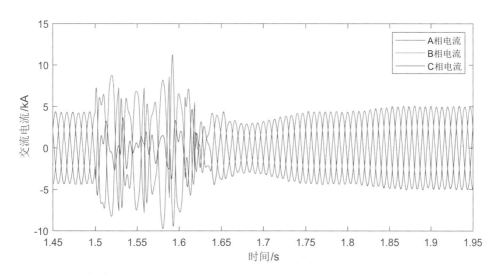

图 4-109 柳北换流站 A、B 两相短路故障交流电流

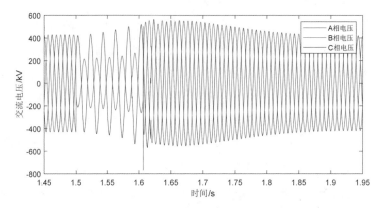

图 4-110　柳北换流站 A、B 两相短路故障交流电压

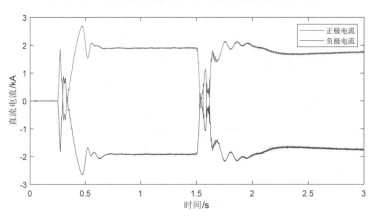

图 4-111　柳北换流站 A、B 两相短路故障直流电流

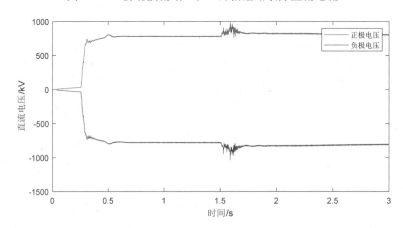

图 4-112　柳北换流站 A、B 两相短路故障直流电压

图 4-109 ~ 图 4-112 是柳北侧交流系统发生 A、B 两相金属性短路故障时，柳北侧交流系统电流、电压波形图和柳北侧直流电流、电压波形图。图中横坐标均表示时间，纵坐标表示电流或电压。故障发生时刻为 1.5 s，故障持续时间为 0.1 s。从图 4-109 可以看出：A、B 两相电流出现明显的增大趋势，C 相电流明显降低，三相电流不再对称。故障切除后，交流系统电流逐渐恢复正常。从图 4-110 可以看出：A、B 两相发生短路故障时，A、B 两相电压明显降低，C 相电压略微上升，故障切除后，交流系统电压逐渐恢复正常。从图 4-111、4-112 可以看出：柳北侧交流系统发生 A、B 两相金属性接地故障时，直流系统暂态电压和暂态电流呈现对称特性，柳北侧直流电流呈现明显的下降趋势，直流电压略微上升。故障切除后电压、电流逐渐恢复稳定。

4.5.3　三相接地短路故障仿真

模拟柳北换流站交流系统发生三相接地短路，柳北侧交流系统的三相交流电流、三相交流电压，柳北侧直流母线的电流和电压如图 4-113 ~ 图 4-16 所示。

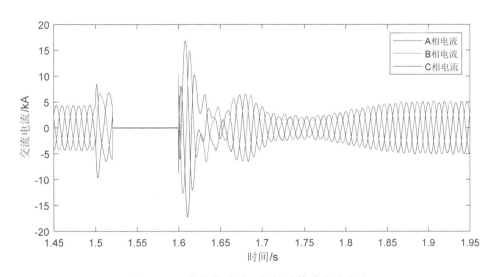

图 4-113　柳北换流站三相接地故障交流电流

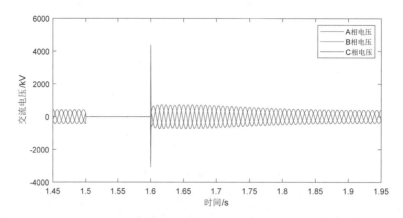

图 4-114　柳北换流站三相接地故障交流电压

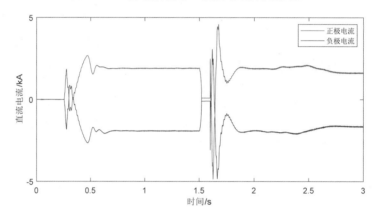

图 4-115　柳北换流站三相接地故障直流电流

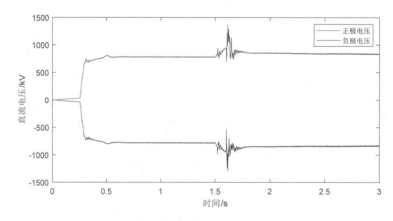

图 4-116　柳北换流站三相接地故障直流电压

图 4-113 ~ 图 4-116 是柳北侧交流系统发生三相金属性短路故障时，柳北侧交流系统电压、电流波形图和柳北侧直流电流、电压波形图。各图中横坐标均表示时间，纵坐标分别表示电流或电压。故障发生时刻为 1.5 s，故障持续时间为 0.1 s。从图 4-113、4-114 可以看出：A、B、C 三相发生金属性接地故障时，A、B、C 三相电流先迅速升高，再迅速降为零，A、B、C 三相电压降低到零，故障切除后，交流系统电流、电压逐渐恢复正常。从图 4-115、4-116 可以看出，柳北侧交流系统发生 A、B、C 三相金属性接地故障时，直流系统暂态电压和电流呈现对称特性，柳北侧直流电流先迅速降为零，然后迅速升高，直流电压显著上升。故障切除后电压、电流逐渐恢复稳定。

4.6　广西侧换流站故障仿真

换流阀侧交流故障与交流系统故障有所不同，因此本节模拟柳北换流站阀侧单相接地短路和两相短路故障。换流器直流侧出口短路也是换流阀常见的故障，如正极线对地短路、正极线对中性点短路、极线中性点和大地构成接地短路、正负极线短路。

4.6.1　换流变阀侧单相接地故障仿真

模拟柳北换流站正极高端阀组换流变阀侧单相接地故障，柳北换流站交流侧和直流侧的电流、电压分别如图 4-117 ~ 图 4-120 所示。

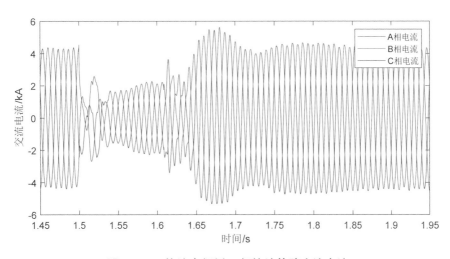

图 4-117　换流变阀侧 A 相接地故障交流电流

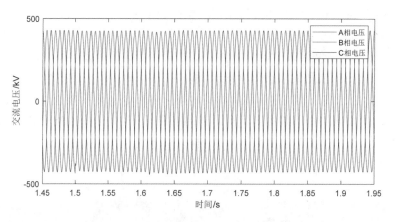

图 4-118　换流变阀侧 A 相接地故障交流电压

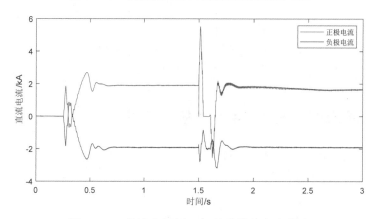

图 4-119　换流变阀侧 A 相接地故障直流电流

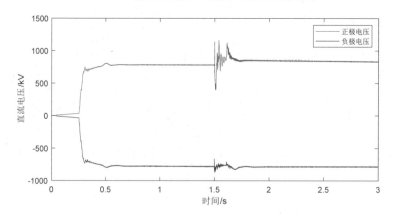

图 4-120　换流变阀侧 A 相接地故障直流电压

图 4-117～图 4-120 是柳北换流站换流变阀侧单相接地故障时，柳北侧交流系统电流、电压波形图和柳北侧直流系统电流、电压波形图。图中横坐标均表示时间，纵坐标分别表示电流或电压。故障发生时刻为 1.5 s，故障持续时间为 0.1 s。从图 4-117、4-118 可以看出：柳北换流站换流变阀侧单相接地故障时，交流系统 A、B、C 三相交流电流先减小，然后缓慢增大。A、B、C 三相交流电压没有发生明显波动，表明正极高端阀组换流变阀侧发生 A 相接地故障对交流系统三相交流电压没有显著影响。故障切除后交流系统电流、电压逐渐恢复正常。从图 4-119、4-120 可以看出：故障期间，正极直流电流先增大后减小，然后跌落到零，而负极直流电流呈先增大后减小的趋势；正极直流电压突然增大，且发生剧烈振荡，而负极直流电压波动幅度较小。故障切除后电压、电流逐渐恢复稳定。

4.6.2　换流变阀侧两相短路故障仿真

模拟柳北换流站正极高端阀组换流变阀侧两相短路故障，柳北换流站交流侧和直流侧的电流、电压分别如图 4-121～图 4-124 所示。

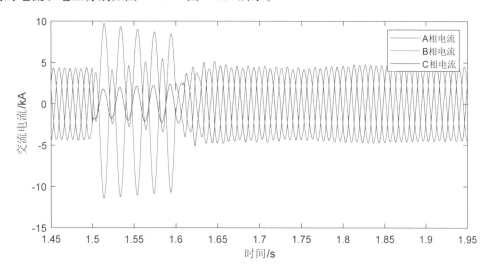

图 4-121　换流变阀侧两相短路故障交流电流

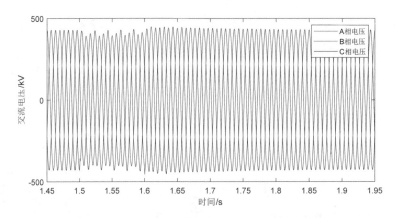

图 4-122 换流变阀侧两相短路故障交流电压

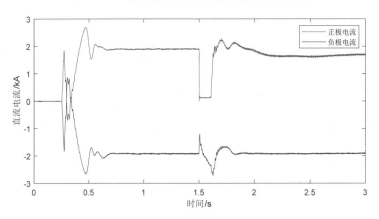

图 4-123 换流变阀侧两相短路故障直流电流

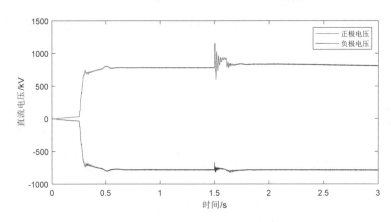

图 4-124 换流变阀侧两相短路故障直流电压

图 4-121 ~ 图 4-124 是柳北换流站换流变阀侧两相接地故障时，柳北侧交流系统电流、电压波形图和柳北侧直流系统电压、电流波形图。图中横坐标均表示时间，纵坐标分别表示电压或电流。故障发生时刻为 1.5 s，故障持续时间为 0.1 s。从图 4-121、4-122 可以看出柳北换流站换流变阀侧两相接地故障时，交流系统 A、B 两相交流电流发生大幅振荡，突变方向相反，而 C 相电流呈先减小后增大的趋势。交流系统 A、B 两相交流电压幅值减小，C 相电压基本没有发生变化。故障切除后交流系统的电流、电压逐渐恢复正常。从图 4-123、4-124 可以看出，故障期间，正极直流电流瞬间跌落到零，而负极直流电流呈先减小后增大的趋势；正极直流电压呈先增大后减小的趋势，并发生剧烈振荡，而负极直流电压波动较小。故障切除后电压、电流逐渐恢复稳定。

4.6.3 A 相单元上桥臂阀短路故障仿真

模拟柳北换流站 A 相上桥臂短路故障，柳北换流站交流侧和直流侧的电流和电压分别如图 4-125 ~ 图 4-128 所示。

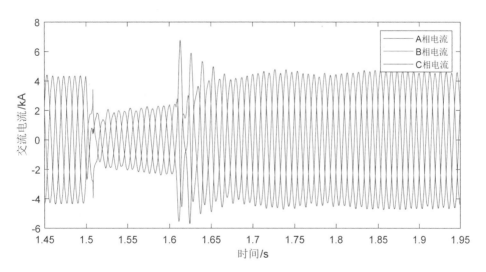

图 4-125 A 相单元上桥臂阀短路故障交流电流

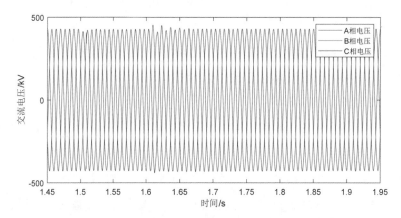

图 4-126 A 相单元上桥臂阀短路故障交流电压

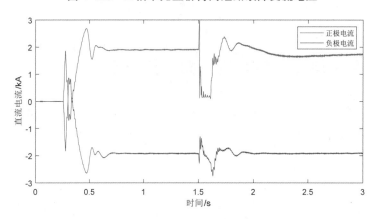

图 4-127 A 相单元上桥臂阀短路故障直流电流

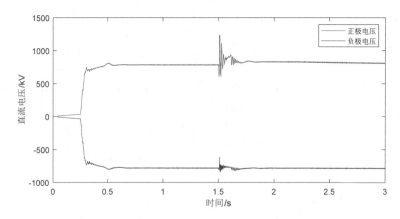

图 4-128 A 相单元上桥臂阀短路故障直流电压

　　图 4-125～图 4-128 是柳北换流站 A 相单元上桥臂阀短路故障时，柳北侧交流系统电流、电压波形图和柳北侧直流系统电流、电压波形图。图中横坐标均表示时间，纵坐标分别表示电流或电压。故障发生时刻为 1.5 s，故障持续时间为 0.1 s。从图 4-125、4-126 可以看出：柳北换流站 A 相单元上桥臂阀短路故障时，交流系统 A、B、C 三相交流电流先减小再缓慢增大。交流系统 A 相交流电压幅值减小，B、C 两相电压基本没有发生变化。故障切除后，交流系统电流、电压逐渐恢复正常。从图 4-127、4-128 可以看出：故障期间，正、负极直流电流先增大后减小，正极直流电压突然增大后剧烈振荡，而负极直流电压波动幅度较小。故障切除后电压、电流逐渐恢复稳定。

4.6.4　换流器直流侧出口直流母线接地故障仿真

　　模拟柳北换流站换流器直流侧出口直流母线接地故障，柳北换流站交流侧和直流侧的电流和电压分别如图 4-129～图 4-132 所示。

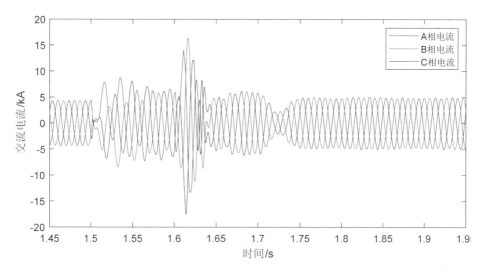

图 4-129　换流器直流侧出口直流母线接地故障交流电流

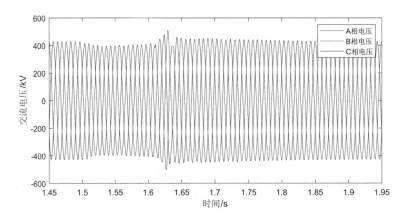

图 4-130　换流器直流侧出口直流母线接地故障交流电压

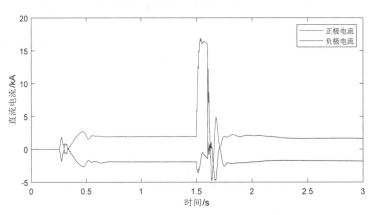

图 4-131　换流器直流侧出口直流母线接地故障直流电流

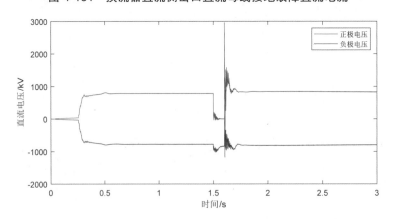

图 4-132　换流器直流侧出口直流母线接地故障直流电压

图 4-129～图 4-132 是柳北换流站换流器直流侧出口直流母线接地故障时,柳北侧交流系统电流、电压波形图和柳北侧直流系统电流、电压波形图。图中横坐标均表示时间,纵坐标分别表示电流或电压。故障发生时刻为 1.5 s,故障持续时间为 0.1 s。从图 4-129、4-130 可以看出:柳北换流站换流器直流侧出口直流母线接地故障时, A 相交流电流幅值上升, B、C 两相交流电流先减小再缓慢增大。交流系统三相交流电压幅值减小;故障切除后交流系统电流、电压逐渐恢复正常。从图 4-131、4-132 可以看出:故障期间,正极直流电流突然增大,而负极直流电流呈先减小后增大的趋势;正极直流电压突然减小,且发生短时振荡,而负极直流电压波动幅值较小。故障切除后电压、电流逐渐恢复稳定。

4.6.5 A 相单元上桥臂电抗短路故障仿真

模拟柳北换流站 A 相单元上桥臂电抗短路故障,柳北换流站交流侧和直流侧的电流和电压如图 4-133～图 4-136 所示。

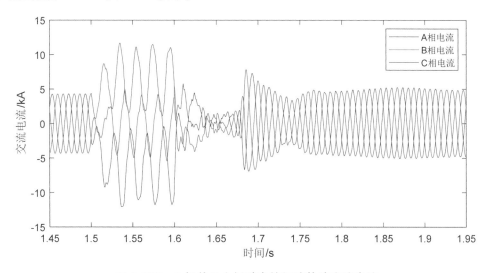

图 4-133 A 相单元上桥臂电抗短路故障交流电流

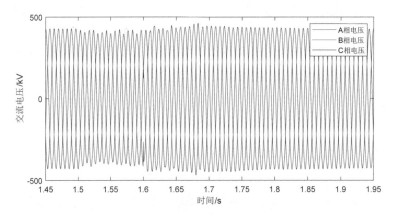

图 4-134　A 相单元上桥臂电抗短路故障交流电压

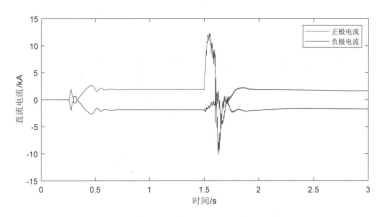

图 4-135　A 相单元上桥臂电抗短路故障直流电流

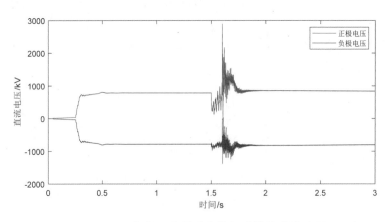

图 4-136　A 相单元上桥臂电抗短路故障直流电压

图 4-133 ~ 图 4-136 是柳北换流站 A 相单元上桥臂电抗短路故障时，柳北侧交流系统电流、电压波形图和柳北侧直流系统电流、电压波形图。图中横坐标均表示时间，纵坐标分别表示电压或电流。故障发生时刻为 1.5 s，故障持续时间为 0.1 s。从图 4-133、4-134 可以看出柳北换流站 A 相单元上桥臂电抗短路故障时，交流系统 A、B、C 三相交流电流剧烈振荡；交流系统三相交流电压幅值减小；故障切除后，交流系统电流、电压逐渐恢复正常。从图 4-135、4-136 可以看出：故障期间，正极直流电流突然增大，而负极直流电流逐渐增大；正极直流电压突然减小，且发生短时振荡，而负极直流电压波动幅度较小；故障切除后电压、电流逐渐恢复稳定。

4.7 广东侧交流系统故障仿真

在 PSCAD/EMTDC 中搭建的昆柳龙特高压多端混合直流输电系统模型中模拟龙门侧交流系统故障，其中故障类型包括 A 相金属性接地短路，A、B 两相金属性短路，A、B、C 三相金属性接地短路。本节分析龙门换流站在各种故障情况下交流系统和直流系统的电流、电压变化情况。

4.7.1 A 相接地短路故障仿真

模拟龙门换流站发生 A 相接地故障时，龙门侧交流系统的三相交流电流、三相交流电压、龙门侧直流母线的电流和电压如图 4-137 ~ 图 4-140 所示。

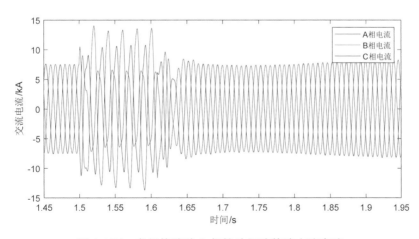

图 4-137 龙门换流站 A 相接地短路故障交流电流

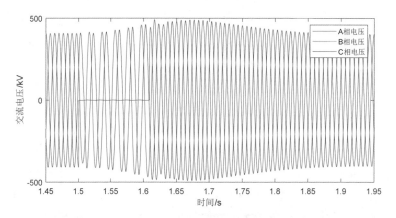

图 4-138 龙门换流站 A 相接地短路故障交流电压

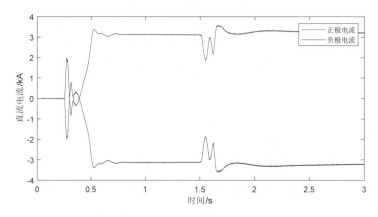

图 4-139 龙门换流站 A 相接地短路故障直流电流

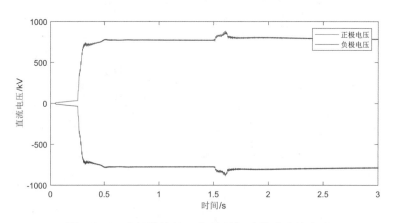

图 4-140 龙门换流站 A 相接地短路故障直流电压

图 4-137 ~ 图 4-140 是龙门侧交流系统 A 相发生金属性短路故障时，龙门侧交流系统电流、电压波形图和龙门侧直流电流、电压波形图。图中横坐标均表示时间，纵坐标分别表示电压或电流。故障发生时刻为 1.5 s，故障持续时间为 0.1 s。从图 4-137 可以看出：A 相发生金属性故障时，A、C 相电流幅值明显增大，B 相电流幅值有所下降。从图 138 可以看出：A 相发生金属性接地故障时，A 相电压下降到零，B、C 相电压轻微上升，故障切除后交流系统电流、电压逐渐恢复正常。从图 4-139、4-140 可以看出：龙门侧交流系统发生 A 相金属性接地故障时，直流系统暂态电压电流呈现对称特性，龙门侧正极直流电流呈现明显的下降，正极直流电压出现明显的上升趋势，故障切除后电压、电流逐渐恢复稳定。

4.7.2 A、B 两相短路故障仿真

模拟龙门换流站交流系统侧发生 A、B 相短路故障时，龙门侧交流系统的三相交流电流、三相交流电压、龙门侧直流母线的电流和电压如图 4-141 ~ 图 4-144 所示。

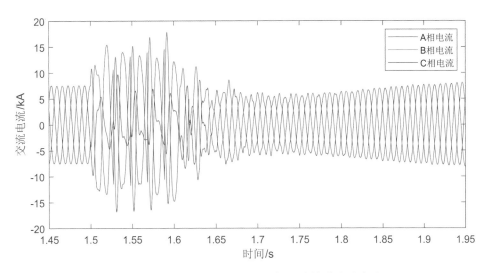

图 4-141 龙门换流站 A、B 两相短路故障交流电流

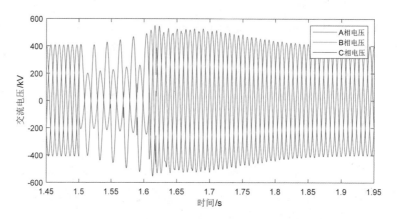

图 4-142   龙门换流站 A、B 两相短路故障交流电压

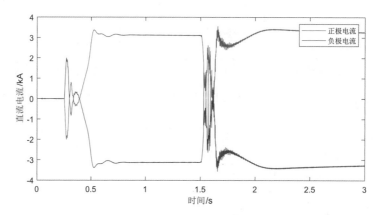

图 4-143   龙门换流站 A、B 两相短路故障直流电流

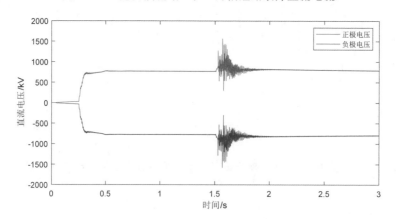

图 4-144   龙门换流站 A、B 两相短路故障直流电压

图 4-141 ~ 图 4-144 是龙门侧交流系统的 A、B 两相相间发生短路故障时，龙门侧交流系统电压、电流波形图和龙门侧直流系统电压、电流波形图。图中横坐标均表示时间，纵坐标分别表示电压或电流。故障发生时刻为 1.5 s，故障持续时间为 0.1 s。从图 4-141、4-142 可以看出：A、B 两相间发生短路故障时，A、B 两相电流出现明显的增大趋势，C 相电流明显降低，A、B 两相电压明显降低且幅值相等，C 相电压小幅度上升，故障切除后，交流系统电流、电压逐渐恢复正常。从图 4-143、4-144 可以看出：龙门侧交流系统 A、B 两相相间发生短路故障时，直流系统暂态电压电流呈现对称特性。龙门侧直流电流呈现显著降低，电流出现过零，直流电压显著上升；故障切除后电压、电流逐渐恢复稳定。

4.7.3　三相接地短路故障仿真

模拟龙门换流站交流系统发生三相接地短路，龙门侧交流系统的三相交流电流、三相交流电压，龙门侧直流母线的电流和电压如图 4-145 ~ 图 4-148 所示。

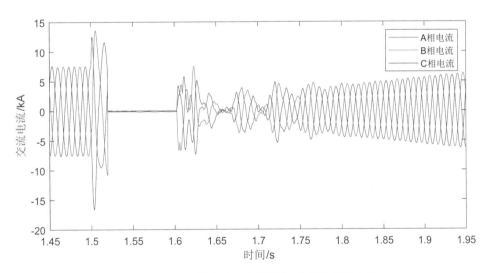

图 4-145　龙门换流站三相接地短路故障交流电流

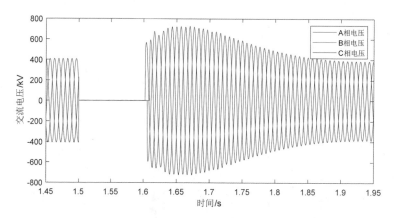

图 4-146　龙门换流站三相接地短路故障交流电压

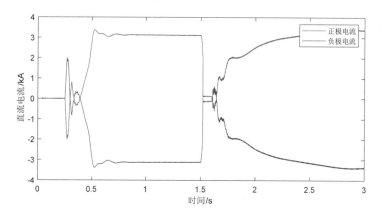

图 4-147　龙门换流站三相接地短路故障直流电流

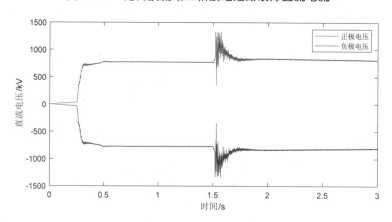

图 4-148　龙门换流站三相接地短路故障直流电压

图 4-145 ~ 图 4-148 是龙门侧交流系统发生 A、B、C 三相金属性接地故障时，龙门侧交流系统电流、电压波形图和直流系统电流、电压波形图。图中横坐均标表示时间，纵坐标分别表示电压或电流。故障发生时刻为 1.5 s，故障持续时间为 0.1 s。从图 4-145、4-146 可以看出：A、B、C 三相发生金属性接地故障时，A、B、C 三相电流先明显升高，然后迅速降为零，A、B、C 三相电压降低到零，故障切除后，交流系统电流、电压逐渐恢复正常。从图 4-147、4-148 可以看出：龙门侧交流系统发生 A、B、C 三相金属性接地故障时，直流系统暂态电压、电流呈现对称特性，龙门侧直流电流幅值降为零，直流电压显著上升；故障切除后电压、电流逐渐恢复稳定。

4.8　广东侧换流站故障仿真

换流阀侧交流故障与交流系统故障有所区别，因此模拟龙门换流站阀侧单相接地短路和两相短路故障。换流器直流侧出口短路也是换流阀常见的故障之一，如正极线对地短路、正极线对中性点短路、极线中性点和大地构成接地短路、正负极线短路。

4.8.1　换流阀侧单相接地故障仿真

模拟龙门换流站阀侧单相金属性接地故障，龙门换流站交流侧和直流侧的电流和电压如图 4-149 ~ 图 4-152 所示。

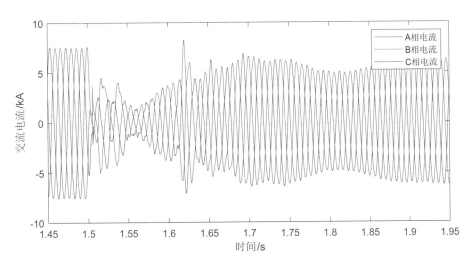

图 4-149　龙门换流站换流阀侧单相接地故障交流电流

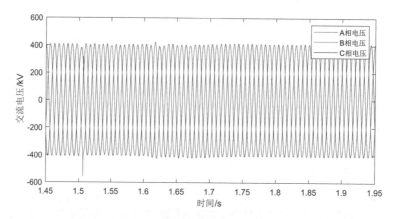

图 4-150　龙门换流站换流阀侧单相接地故障交流电压

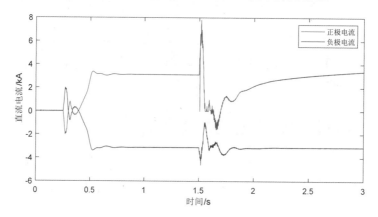

图 4-151　龙门换流站换流阀侧单相接地故障直流电流

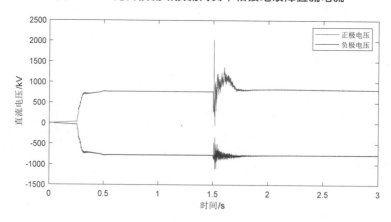

图 4-152　龙门换流站换流阀侧单相接地故障直流电压

图 4-149 ～图 4-152 是龙门换流站高端阀组阀侧发生单相接地短路故障时，龙门侧交流系统电流、电压波形图和龙门侧直流系统电流、电压波形图。图中横坐标均表示时间，纵坐标分别表示电压或电流。故障发生时刻为 1.5 s，故障持续时间为 0.1 s。从图 4-149、4-150 可以看出：龙门换流站阀侧发生单相接地短路故障时，A、B、C 三相电流出现明显的降低趋势，A 相电压轻微上升，这是故障后龙门换流站闭锁的结果，故障切除重启后，交流系统电流、电压逐渐恢复正常。从图 4-151、4-152 可以看出：龙门换流站阀侧发生单相接地短路故障时，直流系统暂态电压电流不再对称。龙门侧正极直流电流呈现显著上升趋势，负极电流也有较明显的上升趋势，龙门换流站闭锁后直流电流快速减小，直流电压显著上升后发生短时振荡。故障切除后，电压、电流逐渐恢复稳定。

4.8.2　换流阀侧两相短路故障仿真

模拟龙门换流站阀侧两相金属性短路故障，龙门换流站交流侧和直流侧的电流和电压如图 4-153 ～图 4-156 所示。

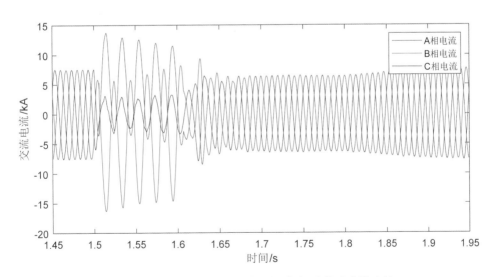

图 4-153　龙门换流站换流阀侧两相短路故障交流电流

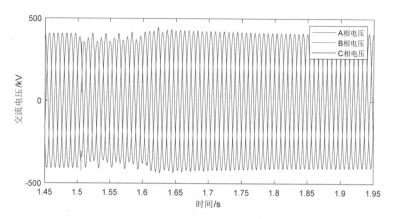

图 4-154 龙门换流站换流阀侧两相短路故障交流电压

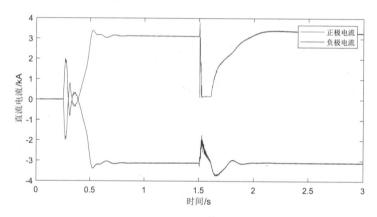

图 4-155 龙门换流站换流阀侧两相短路故障直流电流

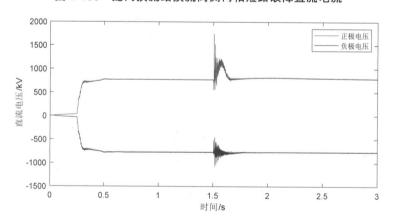

图 4-156 龙门换流站换流阀侧两相短路故障直流电压

图 4-153 ~ 图 4-156 是龙门换流站阀侧 A、B 两相相间发生短路故障时，龙门侧交流系统电流、电压波形图和龙门侧直流系统电流、电压波形图。图中横坐标均表示时间，纵坐标分别表示电流或电压。故障发生时刻为 1.5 s，故障持续时间为 0.1 s。从图 4-153、4-154 可以看出：A、B 两相相间发生短路故障时，A、B 两相电流出现明显的增大趋势，C 相电流明显降低，A、B 两相电压轻微降低，C 相电压基本不变；故障切除后，交流系统电流、电压逐渐恢复正常。从图 4-155、4-156 可以看出：龙门换流站阀侧 A、B 两相相间发生短路故障时，直流系统暂态电压、电流不再对称，龙门侧正、负极直流电流迅速上升后下降，直流电压显著上升后发生短时振荡。故障切除后，电压、电流逐渐恢复稳定。

4.8.3 A 相上桥臂短路故障仿真

模拟龙门换流站 A 相上桥臂短路故障，龙门换流站交流侧和直流侧的电流和电压如图 4-157 ~ 图 4-160 所示。

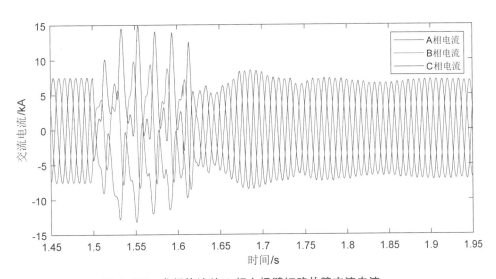

图 4-157 龙门换流站 A 相上桥臂短路故障交流电流

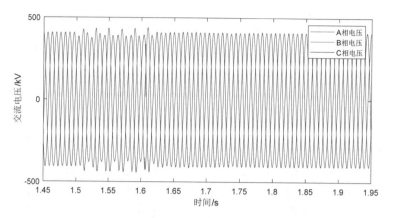

图 4-158　龙门换流站 A 相上桥臂短路故障交流电压

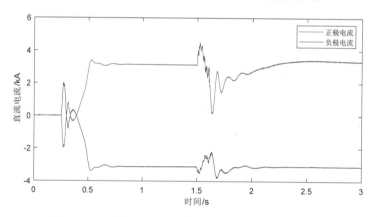

图 4-159　龙门换流站 A 相上桥臂短路故障直流电流

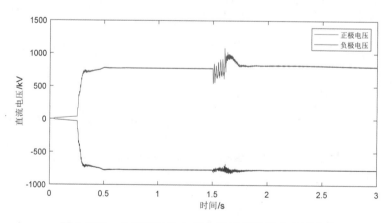

图 4-160　龙门换流站 A 相上桥臂短路故障直流电压

图 4-157 ~ 图 4-160 是龙门换流站阀 A 相上桥臂短路故障时龙门侧交流系统电流、电压波形图和龙门侧直流系统电流、电压波形图。图中横坐标均表示时间，纵坐标分别表示电流或电压。故障发生时刻为 1.5 s，故障持续时间为 0.1 s。从图 4-157、4-158 可以看出龙门换流站阀 A 相上桥臂短路故障时，A、B、C 三相电流均表现出明显的增大趋势，A、B、C 三相电压小幅度增大；故障切除后，交流系统电流、电压逐渐恢复正常。从图 4-159、4-160 可以看出：龙门换流站阀 A 相上桥臂短路故障时，直流系统暂态电压、电流不再对称，龙门侧正负极直流电流先上升后下降，直流电压发生短时振荡。故障切除后，电压、电流逐渐恢复稳定。

4.8.4　桥臂电抗短路故障仿真

模拟龙门换流站桥臂电抗短路故障，龙门换流站交流侧和直流侧的电流和电压如图 4-161 ~ 图 4-164 所示。

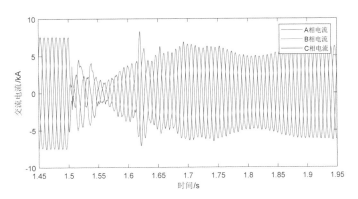

图 4-161　龙门换流站桥臂电抗短路故障交流电流

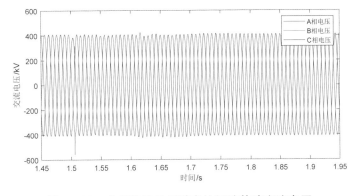

图 4-162　龙门换流站桥臂电抗短路故障交流电压

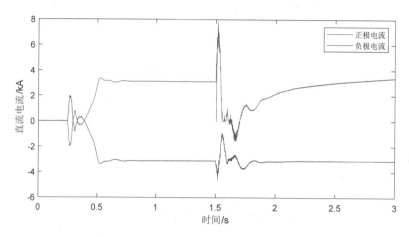

图 4-163　龙门换流站桥臂电抗短路故障直流电流

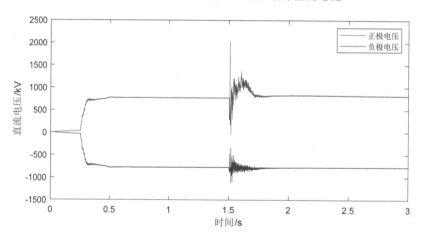

图 4-164　龙门换流站桥臂电抗短路故障直流电压

　　图 4-161～图 4-164 是龙门换流站阀 A 相桥臂电抗短路故障时，龙门侧交流系统电流、电压波形图和龙门侧直流系统电流、电压波形图。图中横坐标表示时间，纵坐标表示电流或电压。故障发生时刻为 1.5 s，故障持续时间为 0.1 s。从图 4-161、4-162 可以看出：龙门换流站阀 A 相桥臂电抗短路故障时，A、B、C 三相电流均出表现明显的减小，B 相电压小幅度增大，这是龙门换流站闭锁的结果；故障切除后，交流系统电流、电压逐渐恢复正常。从图 4-163、4-164 可以看出，龙门换流站阀 A 相桥臂电抗短路故障时，直流系统暂态电压电流不再对称，龙门侧正极直流电流迅速上升后下降，直流电压迅速上升后发生短时振荡。故障切除后电压、电流逐渐恢复稳定。

4.8.5 极对地短路故障仿真

模拟龙门换流站极对地短路故障，龙门换流站交流侧和直流侧的电流和电压如图 4-165 ~ 图 4-168 所示。

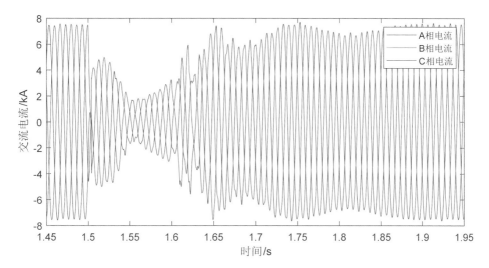

图 4-165 龙门换流站极对地短路故障交流电流

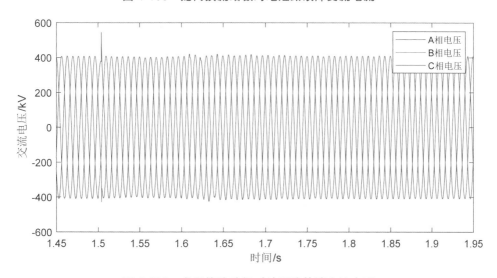

图 4-166 龙门换流站极对地短路故障交流电压

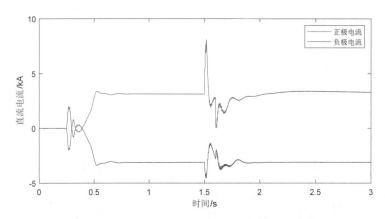

图 4-167　龙门换流站极对地短路故障直流电流

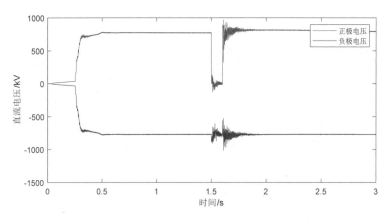

图 4-168　龙门换流站极对地短路故障直流电压

　　图 4-165～图 4-168 是龙门换流站阀出口处极对地短路故障时，龙门侧交流系统电流、电压波形图和龙门侧直流系统电流、电压波形图。图中横坐标均表示时间，纵坐标分别表示电流或电压。故障发生时刻为 1.5 s，故障持续时间为 0.1 s。从图 4-165、4-166可以看出：龙门换流站阀出口处极对地短路故障时，A、B、C 三相电流均出现明显的减小趋势，C 相电压小幅度增大，这是龙门换流站闭锁的结果；故障切除后，交流系统电流、电压逐渐恢复正常。从图 4-167、4-168 可以看出，龙门换流站阀出口处极对地短路故障时，直流系统暂态电压、电流不再对称，龙门侧正极直流出现电流明显上升趋势，正极直流电压发生剧烈振荡。故障切除后，电压、电流逐渐恢复稳定。

第 5 章 昆柳龙特高压多端混合直流输电系统现场试验

5.1 昆北侧交流系统单相接地故障

进行昆北侧交流系统单相接地故障前，所有稳态性能试验、保护跳闸试验已完成。在录波时间为 0.184 s 时昆北侧交流系统发生单相接地故障，故障持续时间 100 ms，随后切除故障。

昆北侧交流系统单相接地故障时，昆北侧阀侧交流电流、三相交流电压如图 5-1、图 5-2 所示，昆北侧线路直流电流、线路直流电压以及换流器触发角如图 5-3 ~ 图 5-5 所示。

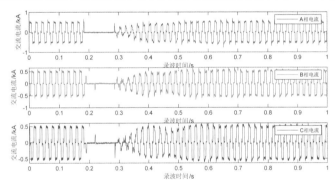

图 5-1　昆北侧交流系统单相接地故障时昆北侧阀侧交流电流

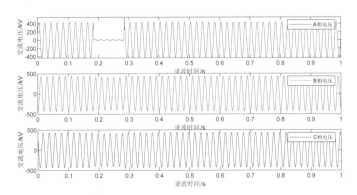

图 5-2　昆北侧交流系统单相接地故障时昆北侧交流电压

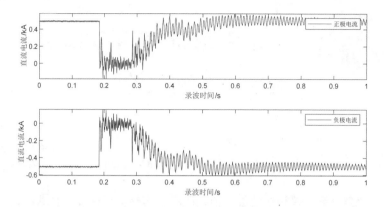

图 5-3 昆北侧交流系统单相接地故障时昆北侧直流电流

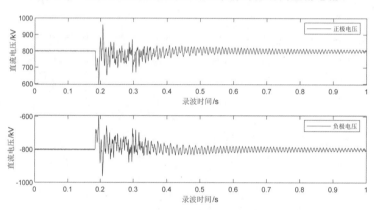

图 5-4 昆北侧交流系统单相接地故障时昆北侧直流电压

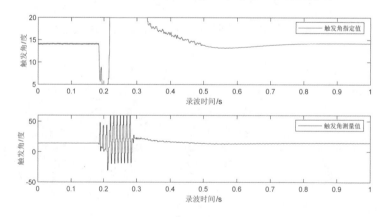

图 5-5 昆北侧交流系统单相接地故障时昆北侧换流器触发角

当昆北侧交流系统发生单相接地故障时，从图 5-1 和图 5-2 可以看出：故障相交流电压发生突变，减小为零，非故障相电压略微波动有所降低，阀侧三相电流全部突变减小为零，故障切除后，交流系统电压快速恢复，阀侧交流电流恢复时间稍长，昆北侧三相交流电压、阀侧交流电流都能恢复为稳定值。从图 5-3～图 5-5 可以看出：昆北侧线路直流电流、线路直流电压都发生突降，故障期间直流电流在 0 附近剧烈波动，直流电压突减后又快速增加，正、负极电压分别在+800 kV 和 − 800 kV 附近剧烈波动，昆北侧换流器触发角指令值突减为最小角 5°，故障期间触发角指令值维持在 20°，昆北侧换流器触发角测量值突增为 50°左右，故障期间触发角测量值在 − 18°～ +60°范围内振荡。故障切除后，直流电流、直流电压、触发角逐渐恢复为稳定值。

昆北侧交流系统单相接地故障时，柳北侧三相交流电流、三相交流电压如图 5-6、图 5-7 所示，柳北侧线路直流电流、线路直流电压如图 5-8、图 5-9 所示，柳北换流站有功功率和无功功率如图 5-10 所示。

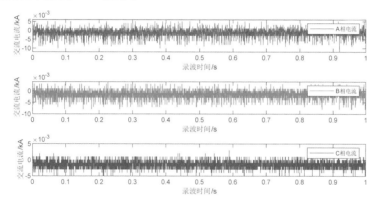

图 5-6 昆北侧交流系统单相接地故障时柳北侧交流电流

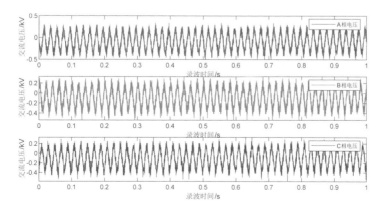

图 5-7 昆北侧交流系统单相接地故障时柳北侧交流电压

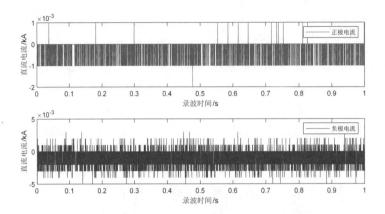

图 5-8　昆北侧交流系统单相接地故障时柳北侧直流电流

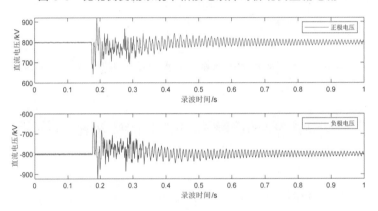

图 5-9　昆北侧交流系统单相接地故障时柳北侧直流电压

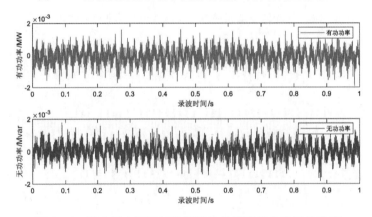

图 5-10　昆北侧交流系统单相接地故障时柳北换流站功率

由于柳北换流站未投入运行，在昆北侧交流系统发生单相接地故障时，从图 5-6 和图 5-7 可以看出：交流电压、交流电流均很小且未受到昆北侧影响，从图 5-8~图 5-10 可以看出：由于柳北换流站未投运，柳北侧直流电流为 0 kA，直流电压变化趋势与昆北侧一致，有功功率和无功功率为 0。

昆北侧交流系统发生单相接地故障时，龙门侧三相交流电流、三相交流电压如图 5-11、图 5-12 所示，龙门侧线路直流电流、线路直流电压如图 5-13、图 5-14 所示，龙门换流站有功功率和无功功率如图 5-15 所示。

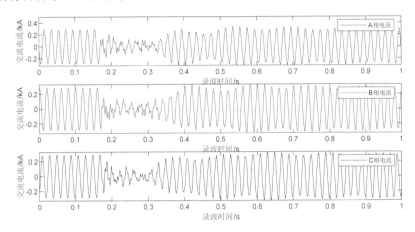

图 5-11　昆北侧交流系统单相接地故障时龙门侧交流电流

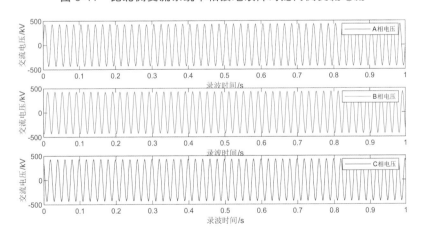

图 5-12　昆北侧交流系统单相接地故障时龙门侧交流电压

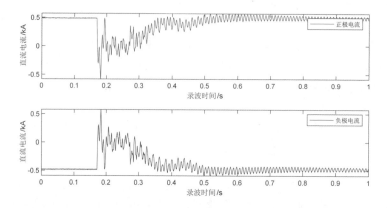

图 5-13　昆北侧交流系统单相接地故障时龙门侧直流电流

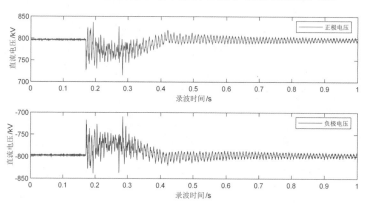

图 5-14　昆北侧交流系统单相接地故障时龙门侧直流电压

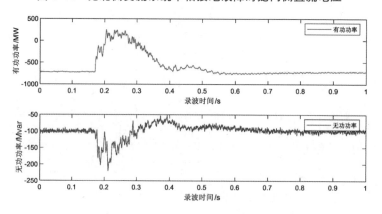

图 5-15　昆北侧交流系统单相接地故障时龙门侧功率

从图 5-11 和图 5-12 可以看出：昆北侧交流系统发生单相接地故障期间，龙门侧交流系统三相电流都明显减小，三相电压不受影响，故障切除后交流系统电流逐渐恢复为稳定值。从图 5-13、图 5-14 可以看出，龙门侧线路直流电流、线路直流电压都突减，故障期间直流电流减小后又快速增加，随后在 0 附近剧烈波动，直流电压突减后又增加，其正、负极电压分别在+770 kV 和 – 770 kV 附近剧烈波动，龙门换流站有功功率迅速减小，随后在 0 附近波动，龙门换流站吸收的无功功率快速增加，故障期间在 – 180 Mvar 附近剧烈波动，故障切除后龙门侧交流系统电流、交流系统电压、直流线路电流、直流线路电压及有功功率和无功功率都逐渐恢复为稳定值。

5.2 柳北侧交流系统单相接地故障

进行柳北侧交流系统单相接地故障前，所有稳态性能试验、保护跳闸试验已完成。在录波时间为 0.184 s 时柳北侧交流系统发生单相接地故障，故障持续时间为 100 ms，随后切除故障。

当柳北换流站交流系统侧发生单相接地故障时，昆北侧阀侧三相交流电流、三相交流电压如图 5-16、图 5-17 所示，昆北侧线路直流电流、线路直流电压以及换流器触发角如图 5-18 ~ 图 5-20 所示。

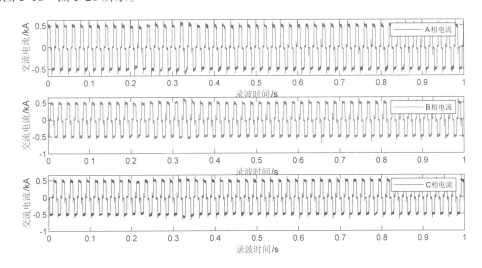

图 5-16 柳北侧交流系统单相接地故障时昆北侧阀侧交流电流

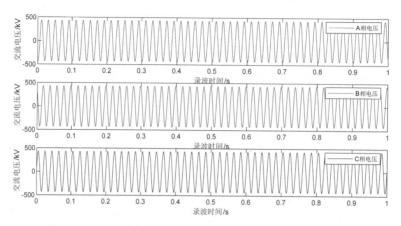

图 5-17　柳北侧交流系统单相接地故障时昆北侧交流电压

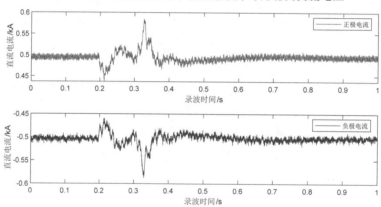

图 5-18　柳北侧交流系统单相接地故障时昆北侧直流电流

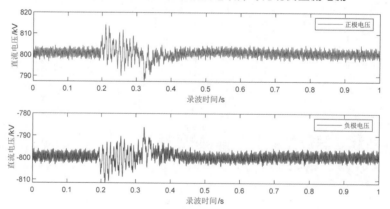

图 5-19　柳北侧交流系统单相接地故障时昆北侧直流电压

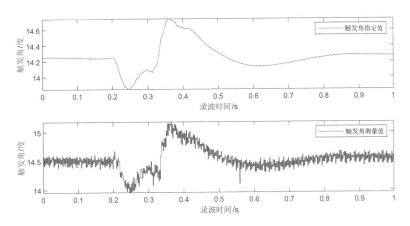

图 5-20　柳北侧交流系统单相接地故障时昆北侧换流器触发角

当柳北侧交流系统发生单相接地故障时，从图 5-16 和图 5-17 可以看出：昆北侧三相交流电流和三相交流电压基本不受影响。从图 5-18、图 5-19、图 5-20 可以看出：故障期间，昆北侧线路正极直流电流先减小后增加，并发生短时振荡；故障切除后逐渐恢复至稳定值，负极电流变化趋势与正极电流变化趋势基本一致。昆北侧线路正极直流电压先增加后减小，且发生短时振荡，故障切除后逐渐恢复至稳定值，负极电压变化趋势和正极电压变化趋势基本一致。昆北侧换流器触发角指令值先减小后增加；故障切除后恢复至稳定值，换流器触发角测量值基本随着触发角指令值变化而变化。

当柳北换流站交流系统侧发生单相接地故障时，柳北侧三相交流电流、三相交流电压如图 5-21、图 5-22 所示，柳北侧线路直流电流、线路直流电压如图 5-23、图 5-24 所示，柳北换流站有功功率和无功功率如图 5-25 所示。

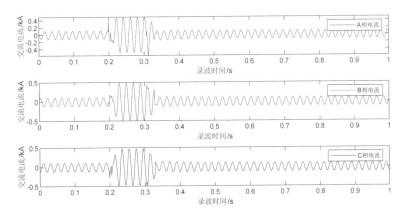

图 5-21　柳北侧交流系统单相接地故障时柳北侧交流电流

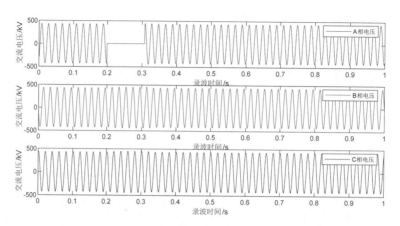

图 5-22　柳北侧交流系统单相接地故障时柳北侧交流电压

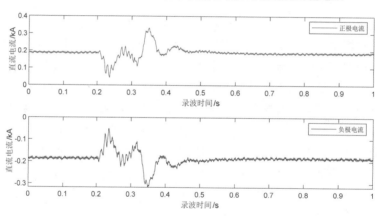

图 5-23　柳北侧交流系统单相接地故障时柳北侧直流电流

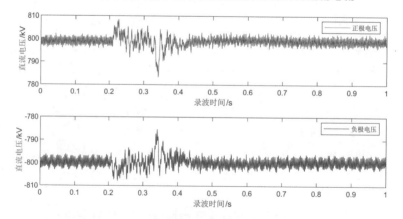

图 5-24　柳北侧交流系统单相接地故障时柳北侧直流电压

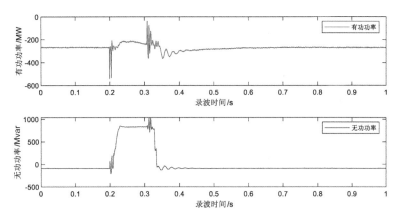

图 5-25 柳北侧交流系统单相接地故障时柳北侧功率

当柳北侧交流系统发生单相接地故障时，从图 5-21 和图 5-22 可以看出：故障相交流电压发生突变减小为零，非故障相电压略微波动且有所降低，三相交流电流小幅度振荡，故障切除后交流系统电压和电流快速恢复至稳定值。从图 5-23、图 5-24、图 5-25 可以看出：柳北侧线路正极直流电流先减小后增加，且发生短时振荡，故障切除后恢复至稳定值，负极电流变化趋势与正极电流变化趋势基本一致。柳北侧线路正极直流电压先增加后减小，且发生短时振荡，故障切除后恢复至稳定值，负极电压变化趋势和正极电压变化趋势基本一致。柳北换流站有功功率在 − 220 MW 附近剧烈波动，无功功率大幅增至 828 Mvar，故障切除后有功功率和无功功率恢复至稳定值。

当柳北换流站交流系统侧发生单相接地故障时，龙门侧三相交流电流、三相交流电压如图 5-26、图 5-27 所示，龙门侧线路直流电流、线路直流电压如图 5-28、图 5-29 所示，龙门换流站有功功率和无功功率如图 5-30 所示。

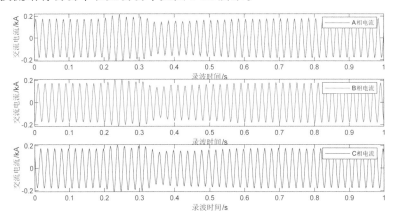

图 5-26 柳北侧交流系统单相接地故障时龙门侧交流电流

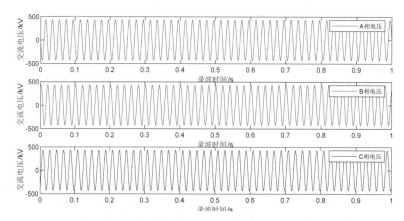

图 5-27　柳北侧交流系统单相接地故障时龙门侧交流电压

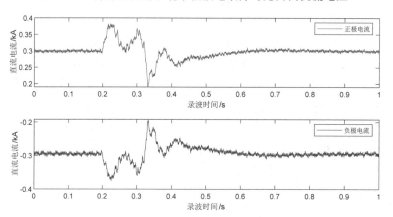

图 5-28　柳北侧交流系统单相接地故障时龙门侧直流电流

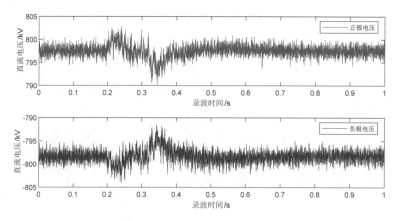

图 5-29　柳北侧交流系统单相接地故障时龙门侧直流电压

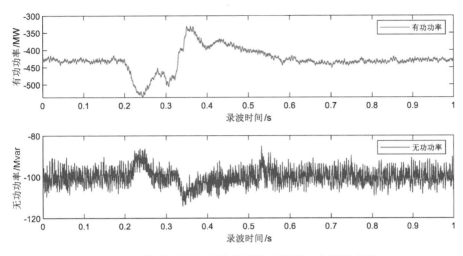

图 5-30　柳北侧交流系统单相接地故障时龙门侧功率

当柳北侧交流系统发生单相接地故障时，从图 5-26 和图 5-27 可以看出：龙门侧交流电压基本不受影响，三相交流电流小幅度增加，故障切除后交流系统电流快速恢复至稳定值。从图 5-28、图 5-29、图 5-30 可以看出：龙门侧线路正极直流电流先增加后减小，且发生短时振荡；故障切除后恢复至稳定值，负极电流变化趋势与正极电流变化趋势基本一致。龙门侧线路正极直流电压先增加后减小，且发生短时振荡；故障切除后恢复至稳定值，负极电压变化趋势和正极电压变化趋势基本一致。龙门换流站有功功率先增加后减小，无功功率先减小后增加，故障切除后有功功率和无功功率恢复至稳定值。

5.3　龙门侧交流系统单相接地故障

进行龙门侧交流系统单相接地故障前，所有稳态性能试验、保护跳闸试验已完成。在录波时间为 0.184 s 时，龙门侧交流系统发生单相接地故障，故障持续时间为 100 ms，随后切除故障。

当龙门换流站交流系统侧发生单相接地故障时，昆北侧阀侧交流电流、三相交流电压如图 5-31、图 5-32 所示，昆北侧线路直流电流、线路直流电压以及换流器触发角如图 5-33 ~ 图 5-35 所示。

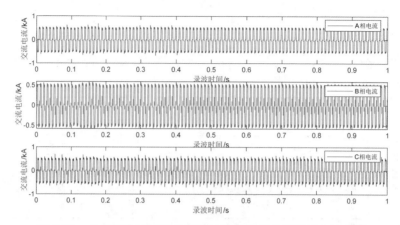

图 5-31　龙门侧交流系统单相接地故障时昆北侧阀侧交流电流

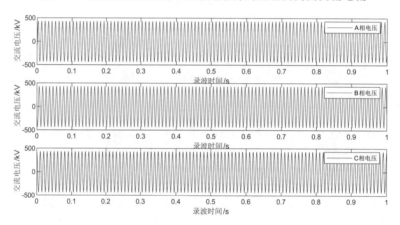

图 5-32　龙门侧交流系统单相接地故障时昆北侧交流电压

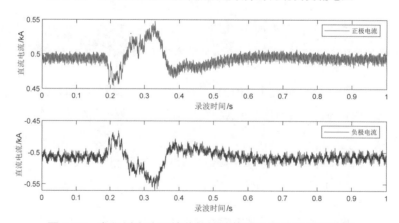

图 5-33　龙门侧交流系统单相接地故障时昆北侧直流电流

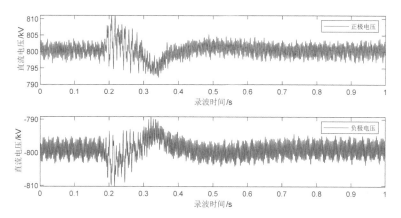

图 5-34　龙门侧交流系统单相接地故障时昆北侧直流电压

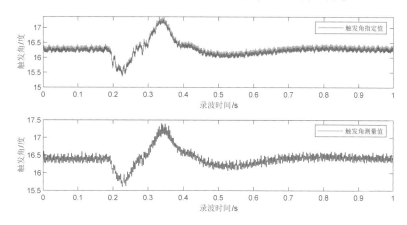

图 5-35　龙门侧交流系统单相接地故障时昆北侧换流器触发角

当龙门侧交流系统发生单相接地故障时，从图 5-31 和图 5-32 可以看出：昆北侧三相交流电流和三相交流电压基本不受影响。从图 5-33～图 5-35 可以看出：故障期间，昆北侧线路正极直流电流先减小后增加，且发生短时振荡，故障切除后恢复至稳定值，负极电流变化趋势与正极电流变化趋势基本一致。昆北侧线路正极直流电压先增加后减小，且发生短时振荡；故障切除后，恢复至稳定值，负极电压变化趋势和正极电压变化趋势基本一致。昆北侧换流器触发角指令值先减小后增加，故障切除后恢复至稳定值，换流器触发角测量值基本随着触发角指令值的变化发生改变。

当龙门换流站交流系统侧发生单相接地故障时，柳北侧三相交流电流、三相交流电压如图 5-36、图 5-37 所示，柳北侧线路直流电流、线路直流电压如图 5-38、图 5-39 所示，柳北换流站有功功率和无功功率如图 5-40 所示。

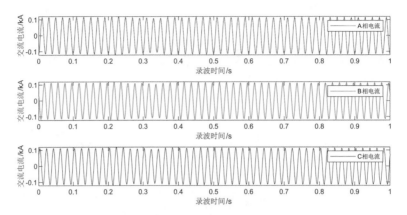

图 5-36　龙门侧交流系统单相接地故障时柳北侧交流电流

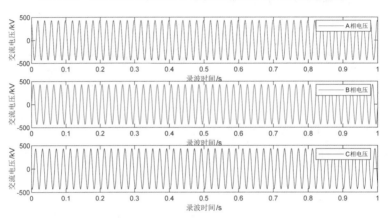

图 5-37　龙门侧交流系统单相接地故障时柳北侧交流电压

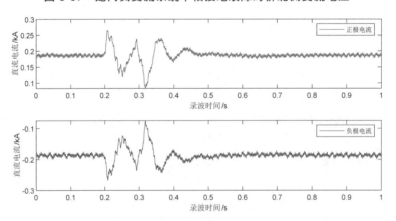

图 5-38　龙门侧交流系统单相接地故障时柳北侧直流电流

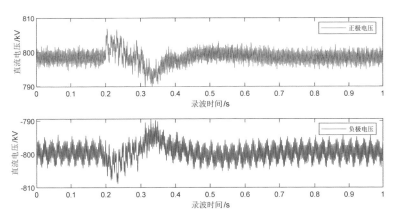

图 5-39　龙门侧交流系统单相接地故障时柳北侧直流电压

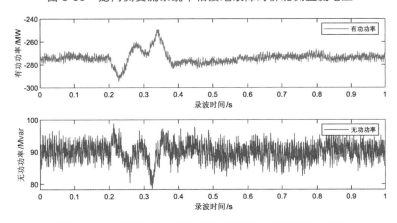

图 5-40　龙门侧交流系统单相接地故障时柳北侧功率

当龙门侧交流系统发生单相接地故障时，从图 5-36 和图 5-37 可以看出：柳北侧三相交流电流和三相交流电压基本不受影响。从图 5-38～图 5-40 可以看出：故障期间，柳北侧线路正极直流电流先增加后减小，且发生短时振荡；故障切除后，恢复至稳定值，负极电流变化趋势与正极电流变化趋势基本一致。柳北侧线路正极直流电压先增加后减小，且发生短时振荡；故障切除后，恢复至稳定值，负极电压变化趋势和正极电压变化趋势基本一致。柳北换流站有功功率先增加后减小，无功功率小幅度振荡，故障切除后有功功率和无功功率恢复至稳定值。

当龙门换流站交流系统侧发生单相接地故障时，龙门侧三相交流电流、三相交流电压如图 5-41、图 5-42 所示，龙门侧线路直流电流、线路直流电压如图 5-43、图 5-44 所示，龙门换流站有功功率和无功功率如图 5-45 所示。

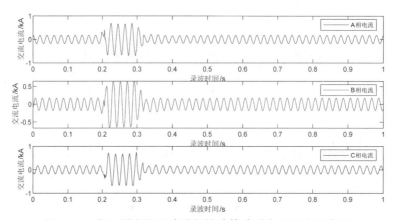

图 5-41　龙门侧交流系统单相接地故障时龙门侧交流电流

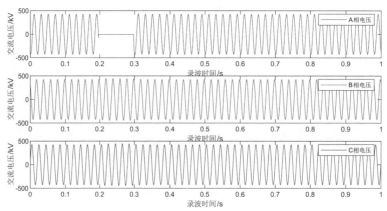

图 5-42　龙门侧交流系统单相接地故障时龙门侧交流电压

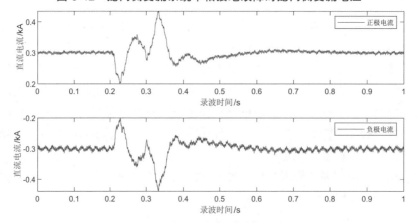

图 5-43　龙门侧交流系统单相接地故障时龙门侧直流电流

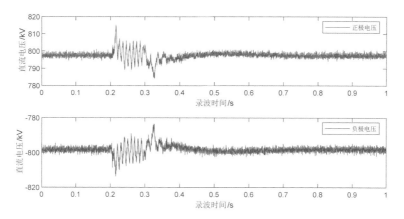

图 5-44　龙门侧交流系统单相接地故障时龙门侧直流电压

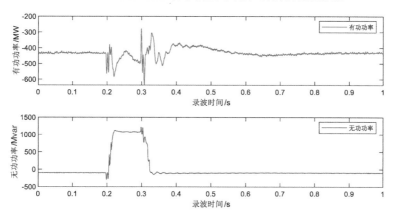

图 5-45　龙门侧交流系统单相接地故障时龙门侧功率

当龙门侧交流系统发生单相接地故障时，从图 5-41 和图 5-42 可以看出：龙门侧三相交流电流小幅度振荡，故障相交流电压发生突变减小为零，非故障相电压基本不受影响。从图 5-43 ~ 图 5-45 可以看出：故障期间，昆北侧线路正极直流电流先减小后增加，且发生短时振荡；故障切除后，恢复至稳定值，负极电流变化趋势与正极电流变化趋势基本一致。龙门侧线路正极直流电压小幅度振荡；故障切除后，恢复至稳定值，负极电压变化趋势和正极电压变化趋势基本一致。龙门侧换流站有功功率在 − 420 MW 附近剧烈波动，无功功率大幅增至 1120 Mvar；故障切除后，有功功率和无功功率恢复至稳定值。

5.4　柳北站正极阀侧三相短路故障

进行柳北换流站正极阀侧三相短路故障前，所有稳态性能试验、保护跳闸试验已完成。在录波时间为 0.184 s 时柳北换流站正极阀侧发生三相短路故障，故障持续时间为 100 ms，随后切除故障。

当柳北换流站正极阀侧三相短路故障时，昆北侧正极阀侧交流电流、三相交流电压如图 5-46、图 5-47 所示，昆北侧线路直流电流、线路直流电压以及正极换流器触发角如图 5-48 ~ 图 5-50 所示。

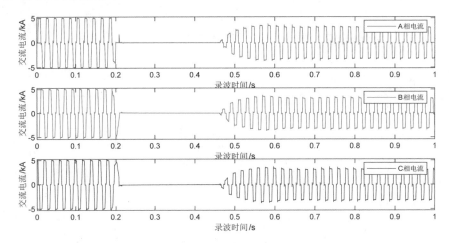

图 5-46　柳北站正极阀侧三相短路故障时昆北侧阀侧交流电流

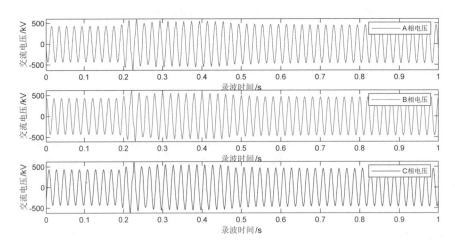

图 5-47　柳北站正极阀侧三相短路故障时昆北侧交流电压

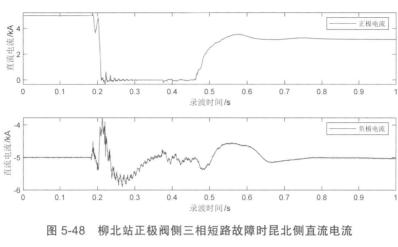

图 5-48 柳北站正极阀侧三相短路故障时昆北侧直流电流

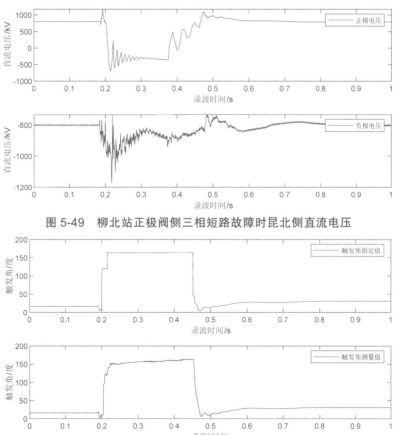

图 5-49 柳北站正极阀侧三相短路故障时昆北侧直流电压

图 5-50 柳北站正极阀侧三相短路故障时昆北侧换流器触发角

　　当柳北换流站正极阀侧发生三相短路故障时，从图 5-46 和图 5-47 可以看出：三相交流电压略微波动且有所增加，正极阀侧交流电流发生突变减小为零，故障切除，且经过一段时间后系统重启，交流系统电压和电流快速恢复至稳定值。从图 5-48～图 5-50 可以看出：昆北侧线路正极直流电流突变减小为零，负极电流先减小后增加，且在稳定值附近振荡，昆北侧线路正极直流电压先增加后减小，且发生短时振荡后趋于稳定，负极电压先增加后减小，且在高于稳定值附近波动，昆北侧换流器触发角指令值先强制移相到 120°左右，再快速二次移相到 165°附近，并维持这一角度，换流器触发角测量值基本随着触发角指令值的变化发生改变。故障切除后，经过一段时间系统重启，直流电流、直流电压、触发角快速恢复到稳定值。

　　当柳北换流站正极阀侧三相短路故障时，柳北侧三相交流电流、三相交流电压如图 5-51、图 5-52 所示，柳北侧线路直流电流、线路直流电压如图 5-53、图 5-54 所示，柳北换流站有功功率和无功功率如图 5-55 所示。

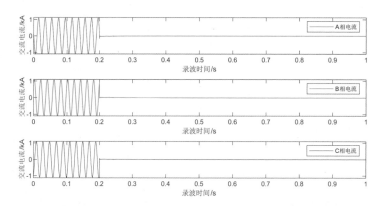

图 5-51　柳北站正极阀侧三相短路故障时柳北侧交流电流

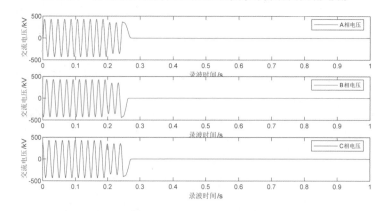

图 5-52　柳北站正极阀侧三相短路故障时柳北侧交流电压

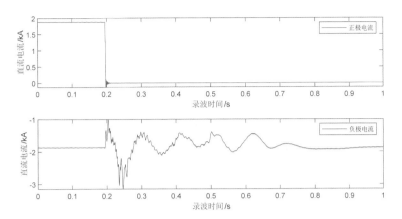

图 5-53　柳北站正极阀侧三相短路故障时柳北侧直流电流

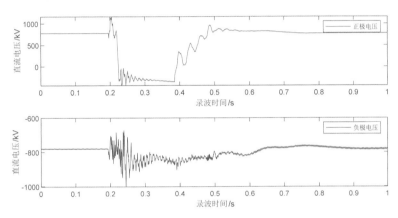

图 5-54　柳北站正极阀侧三相短路故障时柳北侧直流电压

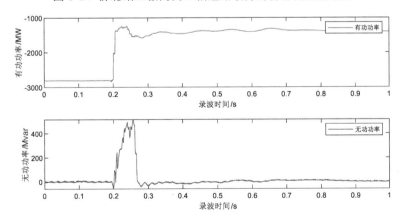

图 5-55　柳北站正极阀侧三相短路故障时柳北侧功率

当柳北换流站正极阀侧三相短路故障时，从图 5-51 和图 5-52 可以看出：三相交流电压和三相交流电流突变减小为零。从图 5-53 ~ 图 5-55 可以看出：柳北侧线路正极直流电流突变减小为零，正极直流电压先增加后减少，发生短时振荡后逐渐趋于稳定，这是故障发生后数毫秒内换流器闭锁的结果。柳北侧线路负极电流先减小后增加，线路负极电压先突增后快速减小，随后增加至 – 850 kV 附近波动，且剧烈波动，柳北换流站有功功率突减，并在 – 1 300 MW 附近剧烈波动，发出的无功功率突增，故障切除后无功功率恢复至稳定值，由于换流站正极未重启，正极直流电流未恢复，负极直流电流、直流电压逐渐恢复至稳定值，有功功率恢复为原来的一半。

当柳北换流站正极阀侧三相短路故障时，龙门侧三相交流电流、三相交流电压如图 5-56、图 5-57 所示，龙门侧线路直流电流、线路直流电压如图 5-58、图 5-59 所示，龙门换流站有功功率和无功功率如图 5-60 所示。

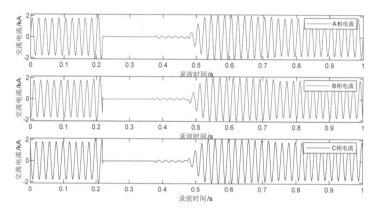

图 5-56　柳北站正极阀侧三相短路故障时龙门侧交流电流

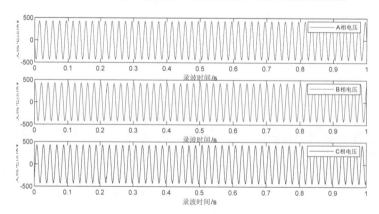

图 5-57　柳北站正极阀侧三相短路故障时龙门侧交流电压

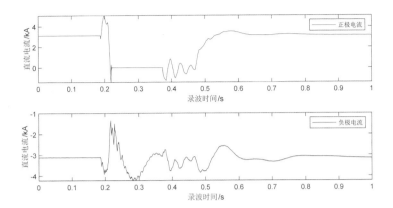

图 5-58　柳北站正极阀侧三相短路故障时龙门侧直流电流

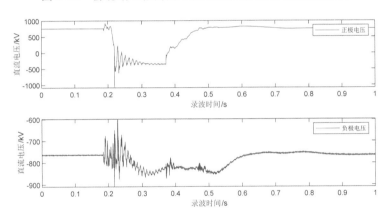

图 5-59　柳北站正极阀侧三相短路故障时龙门侧直流电压

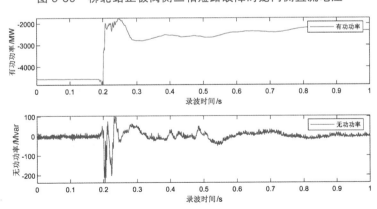

图 5-60　柳北站正极阀侧三相短路故障时龙门侧功率

当柳北换流站正极阀侧三相短路故障时，从图 5-56 和图 5-57 可以看出：三相交流电压基本不受影响，三相交流电流突变减小为零，故障切除并经过一段时间后重启，交流系统电流、电压快速恢复至稳定值。从图 5-58 ~ 图 5-60 可以看出：龙门侧线路正极直流电流先快速增加后迅速减小为零，线路负极直流电流先快速增加后迅速减小，随后又逐渐增加，且在稳定值附近剧烈波动，柳北侧线路正极直流电压先增加后迅速减小，发生短时振荡后趋于稳定，线路负极电压先突增后快速减小，随后在 − 850 kV 附近剧烈波动，龙门换流站有功功率先增加后减小，随后继续增加，在 − 2 600 MW 附近剧烈波动，吸收的无功功率突然大幅增加后减小，在 0 附近波动。故障切除并经过一段时间后重启，直流电流、直流电压、有功功率和无功功率逐渐恢复到稳定值。

5.5 龙门站正极阀侧三相短路故障

进行龙门换流站正极阀侧三相短路故障前，所有稳态性能试验、保护跳闸试验已完成。在录波时间为 0.184 s 时龙门换流站正极阀侧发生三相短路故障，故障持续时间为 100 ms，随后切除故障。

当龙门换流站正极阀侧三相短路故障时，昆北侧正极阀侧交流电流、三相交流电压如图 5-61、图 5-62 所示，昆北侧线路直流电流、线路直流电压以及正极换流器触发角如图 5-63 ~ 图 5-65 所示。

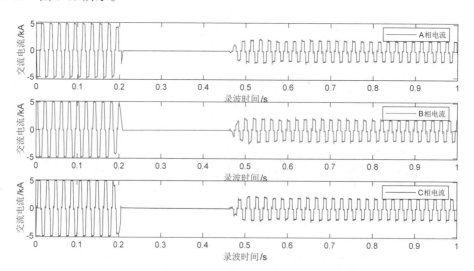

图 5-61 龙门站正极阀侧三相短路故障时昆北侧阀侧交流电流

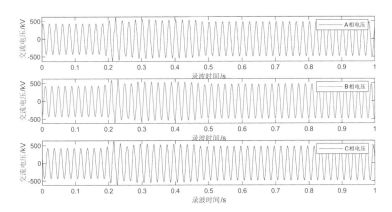

图 5-62　龙门站正极阀侧三相短路故障时昆北侧交流电压

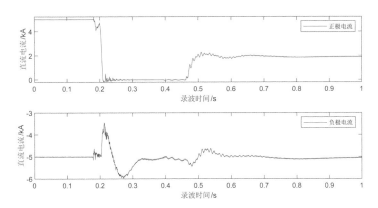

图 5-63　龙门站正极阀侧三相短路故障时昆北侧直流电流

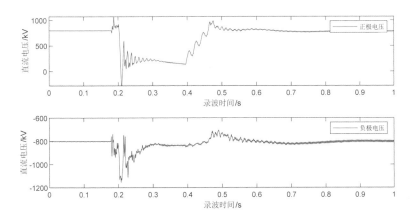

图 5-64　龙门站正极阀侧三相短路故障时昆北侧直流电压

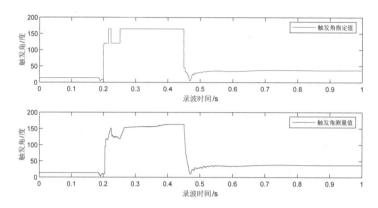

图 5-65　龙门站正极阀侧三相短路故障时昆北侧换流器触发角

　　当龙门换流站正极阀侧发生三相短路故障时，从图 5-61 和图 5-62 可以看出，三相交流电压略微波动有所增加，正极阀侧交流电流突变减小为零，故障切除且经过一段时间后系统重启，交流系统电压和电流快速恢复至稳定值。从图 5-63～图 5-65 可以看出：昆北侧线路正极直流电流突变减小为零，负极电流先减小后增加，且在稳定值附近振荡，昆北侧线路正极直流电压先增加后减小，并发生短时振荡后趋于稳定，负极电压先增加后减小，且在稳定值附近波动，昆北侧换流器触发角指令值先强制移相到 120°左右，再快速二次移相到 165°附近，并维持这一角度，换流器触发角测量值基本随着触发角指令值变化而发生改变。故障切除后经过一段时间系统重启，直流电流、直流电压、触发角快速恢复到稳定值。

　　当龙门换流站正极阀侧三相短路故障时，柳北侧三相交流电流、三相交流电压如图 5-66、图 5-67 所示，柳北侧线路直流电流、线路直流电压如图 5-68、图 5-69 所示，柳北换流站有功功率和无功功率如图 5-70 所示。

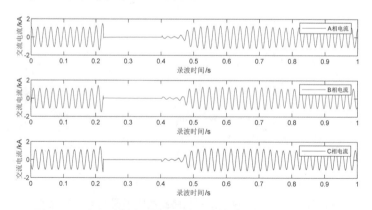

图 5-66　龙门站正极阀侧三相短路故障时柳北侧交流电流

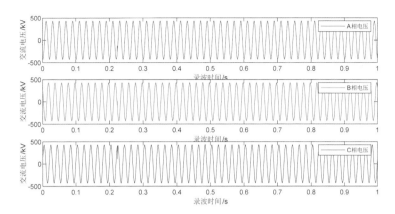

图 5-67　龙门站正极阀侧三相短路故障时柳北侧交流电压

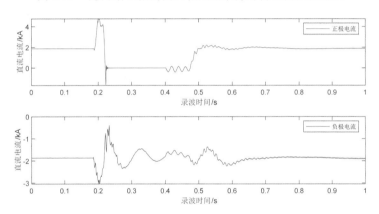

图 5-68　龙门站正极阀侧三相短路故障时柳北侧直流电流

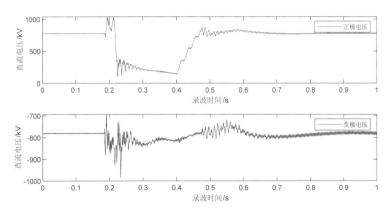

图 5-69　龙门站正极阀侧三相短路故障时柳北侧直流电压

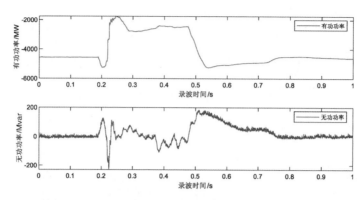

图 5-70　龙门站正极阀侧三相短路故障时柳北侧功率

　　当龙门换流站正极阀侧三相短路故障时，从图 5-66 和图 5-67 可以看出：三相交流电流发生突变减小为零，三相交流电压小幅度振荡，故障切除后交流系统电压和电流快速恢复至稳定值。从图 5-68 ~ 图 5-70 可以看出，柳北侧线路正极直流电流先增加后突变减小为零，正极直流电压先增加后减少，发生短时振荡后逐渐趋于稳定，这是故障发生后数毫秒内换流器闭锁的结果。柳北侧线路负极电流先增后减小，并在稳定值附近剧烈波动，线路负极电压先突增后快速减小，随后在 – 800 kV 附近剧烈波动，柳北换流站有功功率先增加后突减，并在 – 2500 MW 附近剧烈波动，发出的无功功率突增。故障切除后，有功功率、无功功率恢复至稳定值，由于柳北换流站经过一段时间重启，正、负极直流电流、直流电压逐渐恢复到稳定值。

　　当龙门换流站正极阀侧三相短路故障时，龙门侧三相交流电流、三相交流电压如图 5-71、图 5-72 所示，龙门侧线路直流电流、线路直流电压如图 5-73、图 5-74 所示，龙门换流站有功功率和无功功率如图 5-75 所示。

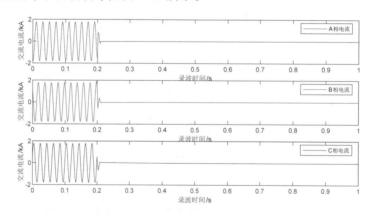

图 5-71　龙门站正极阀侧三相短路故障时龙门侧交流电流

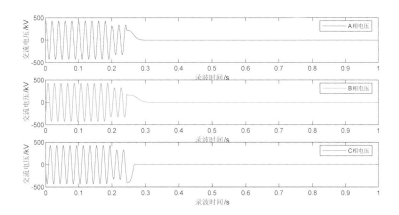

图 5-72 龙门站正极阀侧三相短路故障时龙门侧交流电压

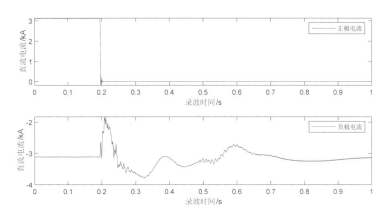

图 5-73 龙门站正极阀侧三相短路故障时龙门侧直流电流

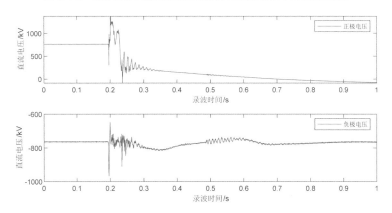

图 5-74 龙门站正极阀侧三相短路故障时龙门侧直流电压

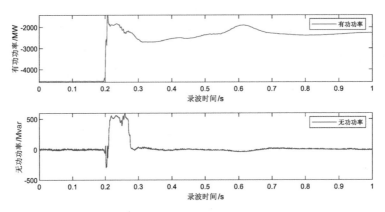

图 5-75   龙门站正极阀侧三相短路故障时龙门侧功率

当龙门换流站正极阀侧三相短路故障时，从图 5-71 和图 5-72 可以看出：三相交流电压和三相交流电流突减为零，故障切除后经过一段时间龙门换流站未重启，交流系统电流、电压未恢复。从图 5-73 ~ 图 5-75 可以看出：龙门侧线路正极直流电流迅速减小为零，线路负极直流电流先减小后增加，并在稳定值附近剧烈波动，柳北侧线路正极直流电压先增加后迅速减小，发生短时振荡后逐渐减小为 0，线路负极电压先突增后快速减小，随后在稳定值附近剧烈波动，龙门换流站有功功率突减后缓慢增加，在 – 2500 MW 附近波动，吸收的无功功率突然增加后迅速减小，在 500 Mvar 附近振荡，随后迅速减小为 0。故障切除后，经过一段时间龙门换流站正极未重启，正极直流电流和直流电压未恢复，负极直流电流、直流电压、无功功率逐渐恢复到稳定值，有功功率恢复为原来的一半。

5.6   柳北站正极换流阀桥臂电抗短路故障

进行柳北换流站正极换流阀桥臂电抗短路故障前，所有稳态性能试验、保护跳闸试验已完成。在录波时间为 0.567 s 时，柳北换流站正极换流阀桥臂电抗发生短路故障，故障持续时间为 100 ms，随后切除故障。

当柳北换流站正极换流阀桥臂电抗发生短路故障时，昆北侧正极阀侧交流电流、三相交流电压如图 5-76、图 5-77 所示，昆北侧线路直流电流、线路直流电压以及正极换流器触发角如图 5-78 ~ 图 5-80 所示。

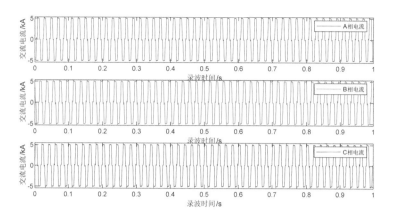

图 5-76　柳北站正极换流阀桥臂电抗短路故障时昆北侧阀侧交流电流

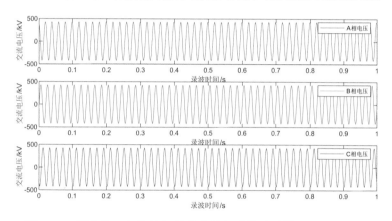

图 5-77　柳北站正极换流阀桥臂电抗短路故障时昆北侧交流电压

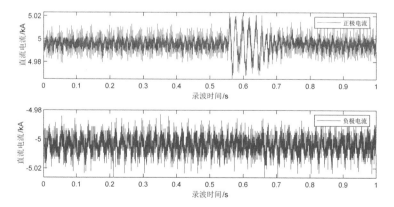

图 5-78　柳北站正极换流阀桥臂电抗短路故障时昆北侧直流电流

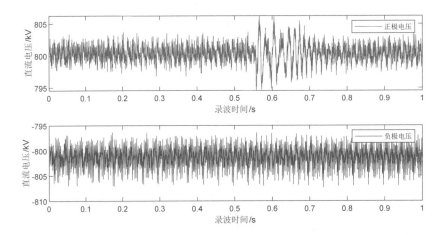

图 5-79　柳北站正极换流阀桥臂电抗短路故障时昆北侧直流电压

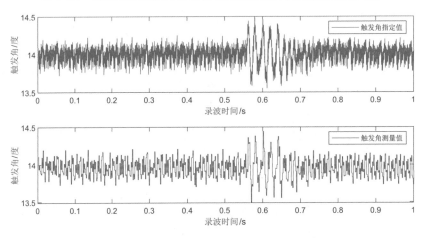

图 5-80　柳北站正极换流阀桥臂电抗短路故障时昆北侧换流器触发角

　　当柳北换流站正极换流阀桥臂电抗短路故障时，从图 5-76 和图 5-77 可以看出：昆北侧三相交流电压、正极阀侧三相交流电流基本不受影响。从图 5-78～图 5-80 可以看出：故障期间，昆北侧线路正极直流电流发生短时小幅度振荡；故障切除后恢复至稳定值，负极电流无明显变化。昆北侧线路正极直流电压发生短时振荡，故障切除后恢复至稳定值，负极电压无明显变化。昆北侧正极换流器触发角指令值和换流器触发角测量值轻微波动，总体上变化不大。

　　当柳北换流站正极换流阀桥臂电抗短路故障时，柳北侧三相交流电流、三相交流电压如图 5-81、图 5-82 所示，柳北侧线路直流电流、线路直流电压如图 5-83、图 5-84 所示，柳北换流站有功功率和无功功率如图 5-85 所示。

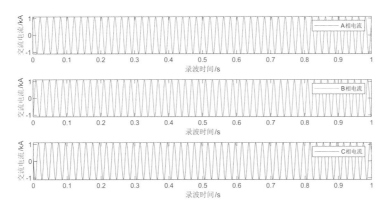

图 5-81　柳北站正极换流阀桥臂电抗短路故障时柳北侧交流电流

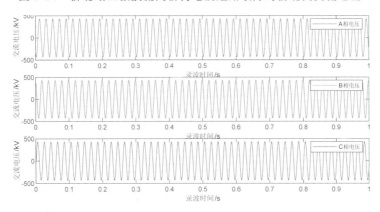

图 5-82　柳北站正极换流阀桥臂电抗短路故障时柳北侧交流电压

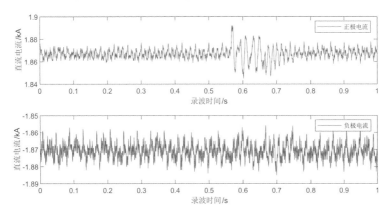

图 5-83　柳北站正极换流阀桥臂电抗短路故障时柳北侧直流电流

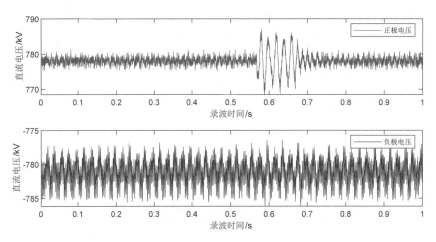

图 5-84　柳北站正极换流阀桥臂电抗短路故障时柳北侧直流电压

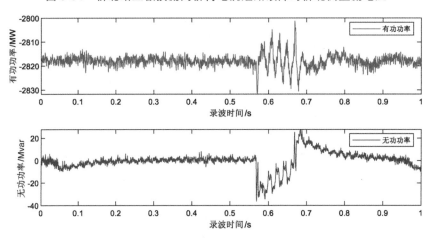

图 5-85　柳北站正极换流阀桥臂电抗短路故障时柳北侧功率

当柳北换流站正极换流阀桥臂电抗短路故障时，从图 5-81 和图 5-82 可以看出：柳北侧三相交流电流和三相交流电压基本不受影响。从图 5-83～图 5-85 可以看出：柳北侧线路正极直流电流发生短时小幅度振荡，故障切除后恢复至稳定值，负极电流无明显变化。柳北侧线路正极直流电压发生短时小幅度振荡；故障切除后，恢复至稳定值，负极电压无明显变化。柳北换流站有功功率发生短时振荡，吸收无功功率突增后逐渐减少，故障切除后有功功率和无功功率恢复至稳定值。

当柳北换流站正极换流阀桥臂电抗短路故障时，龙门侧三相交流电流、三相交流电压如图 5-86、图 5-87 所示，龙门侧线路直流电流、线路直流电压如图 5-88、图 5-89 所示，龙门换流站有功功率和无功功率如图 5-90 所示。

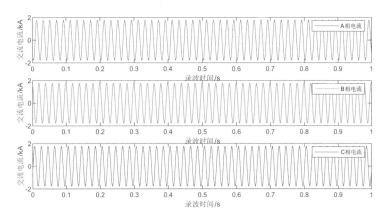

图 5-86 柳北站正极换流阀桥臂电抗短路故障时龙门侧交流电流

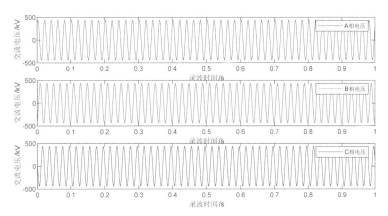

图 5-87 柳北站正极换流阀桥臂电抗短路故障时龙门侧交流电压

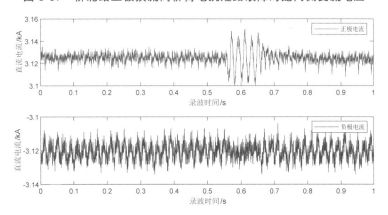

图 5-88 柳北站正极换流阀桥臂电抗短路故障时龙门侧直流电流

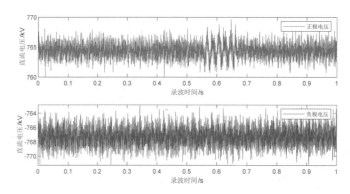

图 5-89　柳北站正极换流阀桥臂电抗短路故障时龙门侧直流电压

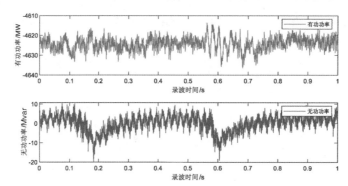

图 5-90　柳北站正极换流阀桥臂电抗短路故障时龙门侧功率

　　当柳北换流站正极换流阀桥臂电抗短路故障时，从图 5-86 和图 5-87 可以看出：龙门侧三相交流电流和三相交流电压基本不受影响。从图 5-88 ~ 图 5-90 可以看出：龙门侧线路正极直流电流发生短时振荡；故障切除后，恢复至稳定值，负极电流无明显变化。龙门侧线路正极直流电压和负极电压基本保持不变。龙门换流站有功功率发生短时小幅度振荡，吸收的无功功率先增加后减小，在稳定值附近波动，故障切除后有功功率和无功功率恢复至稳定值。

5.7　龙门站正极换流阀桥臂电抗短路故障

　　进行龙门换流站正极换流阀桥臂电抗短路故障前，所有稳态性能试验、保护跳闸试验已完成。在录波时间为 0.184 s 时，龙门换流站桥臂电抗发生短路故障，故障持续时间为 100 ms，随后切除故障。

　　当龙门换流站正极换流阀桥臂电抗短路故障时，昆北侧正极阀侧交流电流、三相交流电压如图 5-91、图 5-92 所示，昆北侧线路直流电流、线路直流电压以及正极换流器触发角如图 5-93 ~ 图 5-95 所示。

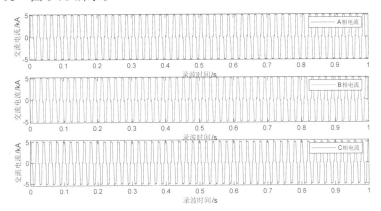

图 5-91 龙门站正极换流阀桥臂电抗短路故障时昆北侧阀侧交流电流

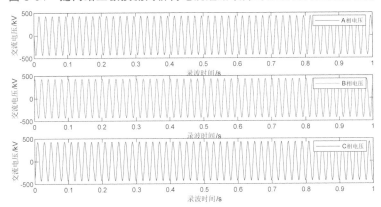

图 5-92 龙门站正极换流阀桥臂电抗短路故障时昆北侧交流电压

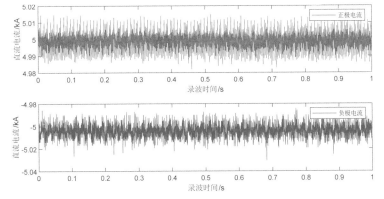

图 5-93 龙门站正极换流阀桥臂电抗短路故障时昆北侧直流电流

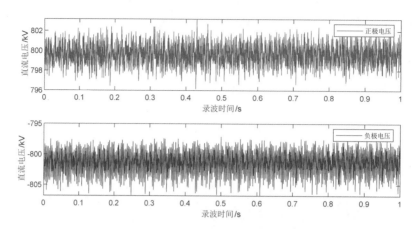

图 5-94　龙门站正极换流阀桥臂电抗短路故障时昆北侧直流电压

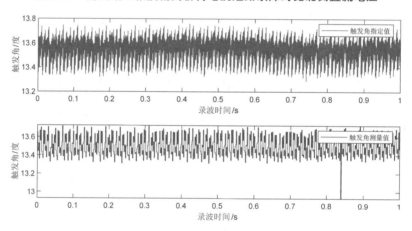

图 5-95　龙门站正极换流阀桥臂电抗短路故障时昆北侧换流器触发角

当龙门换流站正极换流阀桥臂电抗短路故障时，从图 5-91 和图 5-92 可以看出：昆北侧三相交流电流和三相交流电压基本不受影响。从图 5-93 ~ 图 5-95 可以看出：故障期间，昆北侧线路正极直流电流和负极电流基本不受影响，昆北侧线路正极直流电压和负极电压基本不受影响。昆北侧换流器触发角指令值和换流器触发角测量值基本不受影响。

当龙门换流站正极换流阀桥臂电抗短路故障时，柳北侧三相交流电流、三相交流电压如图 5-96、图 5-97 所示，柳北侧线路直流电流、线路直流电压如图 5-98、图 5-99 所示，柳北换流站有功功率和无功功率如图 5-100 所示。

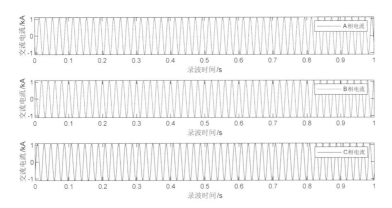

图 5-96 龙门站正极换流阀桥臂电抗短路故障时柳北侧交流电流

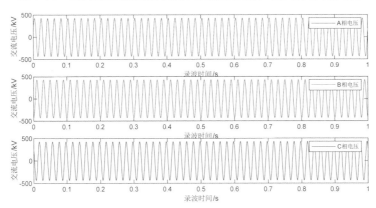

图 5-97 龙门站正极换流阀桥臂电抗短路故障时柳北侧交流电压

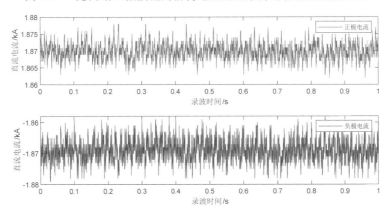

图 5-98 龙门站正极换流阀桥臂电抗短路故障时柳北侧直流电流

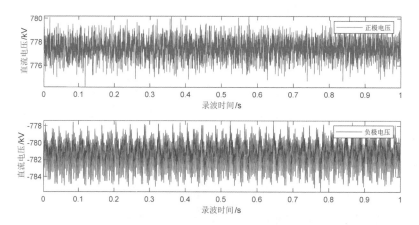

图 5-99　龙门站正极换流阀桥臂电抗短路故障时柳北侧直流电压

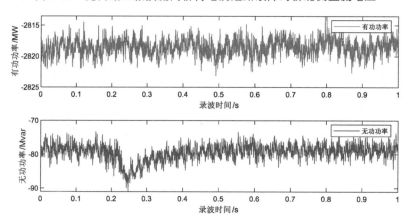

图 5-100　龙门站正极换流阀桥臂电抗短路故障时柳北侧功率

当龙门换流站正极换流阀桥臂电抗短路故障时，从图 5-96 和图 5-97 可以看出：柳北侧三相交流电流和三相交流电压基本不受影响。从图 5-98～图 5-100 可以看出：故障期间，柳北侧线路正极直流电流和负极电流发生短时振荡，故障切除后恢复至稳定值。昆北侧线路正极直流电压和负极电压发生短时振荡，故障切除后恢复至稳定值。柳北换流站有功功率在 − 2820 MW 附近略微波动，无功功率在先增加后减小，且发生短时振荡，故障切除后恢复至稳定值。

当龙门换流站正极换流阀桥臂电抗短路故障时，龙门侧三相交流电流、三相交流电压如图 5-101、图 5-102 所示，龙门侧线路直流电流、线路直流电压如图 5-103、图 5-104 所示，龙门换流站有功功率和无功功率如图 5-105 所示。

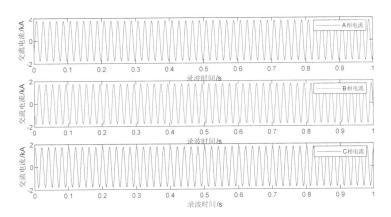

图 5-101　龙门站正极换流阀桥臂电抗短路故障时龙门侧交流电流

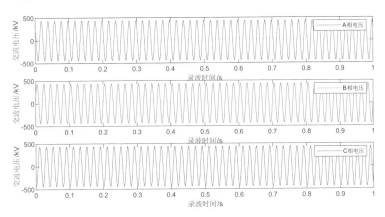

图 5-102　龙门站正极换流阀桥臂电抗短路故障时龙门侧交流电压

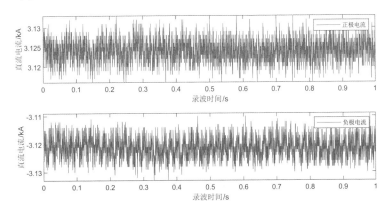

图 5-103　龙门站正极换流阀桥臂电抗短路故障时龙门侧直流电流

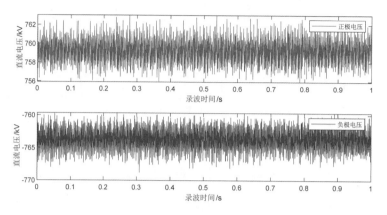

图 5-104　龙门站正极换流阀桥臂电抗短路故障时龙门侧直流电压

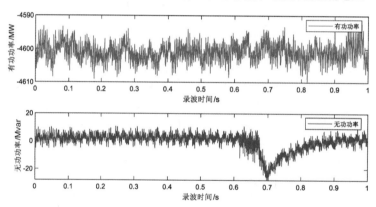

图 5-105　龙门站正极换流阀桥臂电抗短路故障时龙门侧功率

　　当龙门换流站正极换流阀桥臂电抗短路故障时，从图 5-101 和图 5-102 可以看出：龙门侧三相交流电流和三相交流电压基本不受影响。从图 5-103 ~ 图 5-105 可以看出：故障期间，龙门侧线路正极直流电流和负极电流发生短时振荡，故障切除后恢复至稳定值。龙门侧线路正极直流电压和负极电压基本不受影响。龙门换流站有功功率在 4595 MW 附近略微波动，故障切除后恢复至稳定值。无功功率先下降后上升，且发生短时振荡，故障切除后有功功率和无功功率恢复至稳定值。

5.8　昆北站正极换流阀高压侧阀短路故障

　　进行昆北换流站正极换流阀高压侧阀短路故障前，所有稳态性能试验、保护跳闸试验已完成。在录波时间为 0.184 s 时昆北换流站正极换流阀高压侧发生阀短路故障，故障持续时间 100 ms，随后切除故障。

当昆北换流站正极换流阀高压侧阀短路故障时，昆北侧正极阀侧交流电流、三相交流电压如图 5-106、图 5-107 所示，昆北侧线路直流电流、线路直流电压以及正极换流器触发角如图 5-108 ~ 图 5-110 所示。

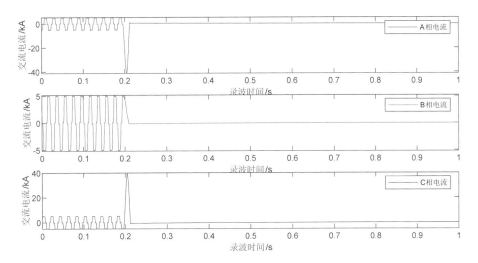

图 5-106　昆北站正极换流阀高压侧阀短路故障时昆北侧阀侧交流电流

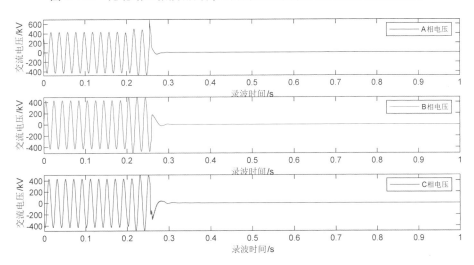

图 5-107　昆北站正极换流阀高压侧阀短路故障时昆北侧交流电压

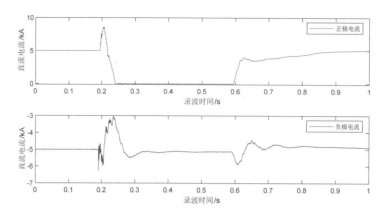

图 5-108　昆北站正极换流阀高压侧阀短路故障时昆北侧直流电流

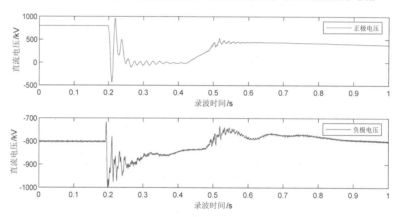

图 5-109　昆北站正极换流阀高压侧阀短路故障时昆北侧直流电压

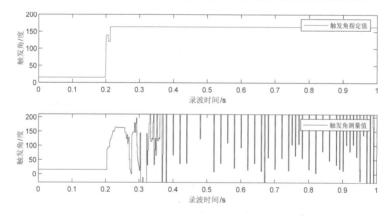

图 5-110　昆北站正极换流阀高压侧阀短路故障时昆北侧换流器触发角

当昆北换流站正极换流阀高压侧阀短路故障时，从图 5-106 和图 5-107 可以看出：昆北侧三相交流电压、正极阀侧交流电流发生突变减小为零。从图 5-108～图 5-110 可以看出：故障期间，昆北侧线路正极直流电流突减小为零，线路负极直流电流先下降后上升，且发生短时振荡，昆北侧线路正极直流电压先下降后上升，且发生短时振荡，线路负极直流电压先下降后上升，经短时振荡后在 −850 kV 附近波动，昆北侧正极换流器触发角指令值在发生故障时进行强制移相，先迅速增加到 140°左右，再二次增加至 165°左右，并保持这一角度，换流器触发角测量值先增加后减少，随后持续振荡。故障切除经过一段时间后重启，由于故障阀未再次投入正极直流电压将为稳定值的一半，正极直流电流、负极直流电压和直流电流恢复到稳定值。

当昆北换流站正极换流阀高压侧阀短路故障时，柳北侧三相交流电流、三相交流电压如图 5-111、图 5-112 所示，柳北侧线路直流电流、线路直流电压如图 5-113、图 5-114 所示，柳北换流站有功功率和无功功率如图 5-115 所示。

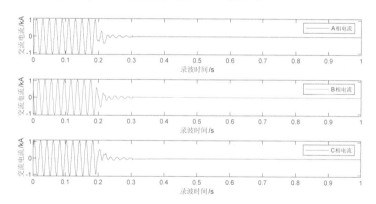

图 5-111　昆北站正极换流阀高压侧阀短路故障时柳北侧交流电流

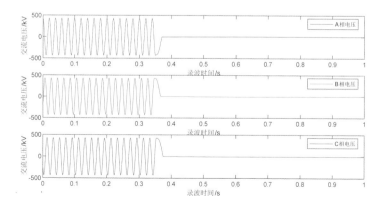

图 5-112　昆北站正极换流阀高压侧阀短路故障时柳北侧交流电压

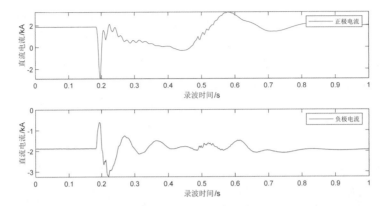

图 5-113 昆北站正极换流阀高压侧阀短路故障时柳北侧直流电流

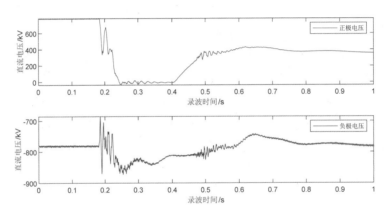

图 5-114 昆北站正极换流阀高压侧阀短路故障时柳北侧直流电压

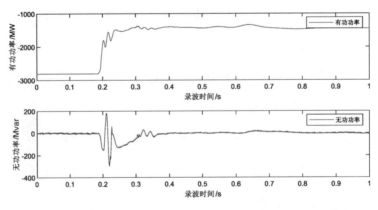

图 5-115 昆北站正极换流阀高压侧阀短路故障时柳北侧功率

当昆北换流站正极换流阀高压侧阀短路故障时，从图 5-111 和图 5-112 可以看出：三相交流电流和三相交流电压突减为零。从图 5-113 ~ 图 5-115 可以看出：柳北侧线路正极直流电流先减小后增加，随后在稳定值附近上下波动，线路负极直流电流先减小后增加，随后在稳定值附近上下波动，柳北侧线路正极直流电压持续减小到零后，增至 390 kV 附近波动，线路负极直流电压先减小后增加，随后在 – 820 kV 附近波动，柳北换流站有功功率在故障发生时迅速下降到 – 1400 MW 附近上下波动，吸收的无功功率突然大幅增加，随后减小；故障切除并经过一段时间后重启，正极直流电压恢复为稳定值的一半，正极直流电流、负极直流电压、直流电流、无功功率恢复为稳定值，有功功率恢复为原来的一半。

当昆北换流站正极换流阀高压侧阀短路故障时，龙门侧三相交流电流、三相交流电压如图 5-116、图 5-117 所示，龙门侧线路直流电流、线路直流电压如图 5-118、图 5-119 所示，龙门换流站有功功率和无功功率如图 5-120 所示。

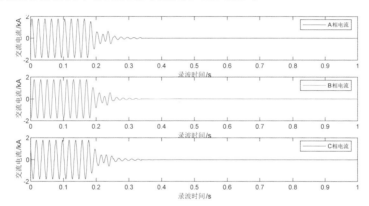

图 5-116　昆北站正极换流阀高压侧阀短路故障时龙门侧交流电流

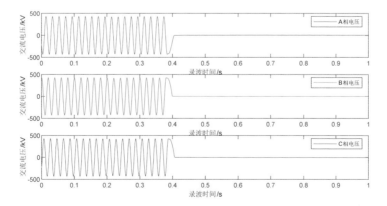

图 5-117　昆北站正极换流阀高压侧阀短路故障时龙门侧交流电压

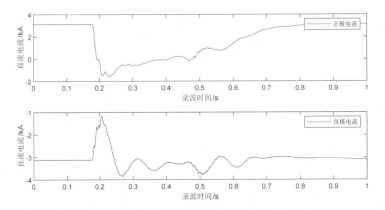

图 5-118　昆北站正极换流阀高压侧阀短路故障时龙门侧直流电流

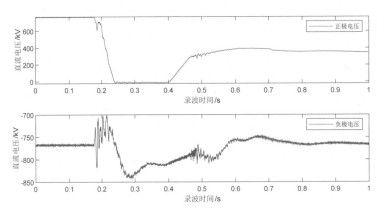

图 5-119　昆北站正极换流阀高压侧阀短路故障时龙门侧直流电压

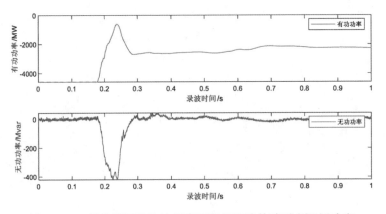

图 5-120　昆北站正极换流阀高压侧阀短路故障时龙门侧功率

当昆北换流站正极换流阀高压侧阀短路故障时，从图 5-116 和图 5-117 可以看出：三相交流电流和三相交流电压发生突变减为零。从图 5-118、图 5-119、图 5-120 可以看出：龙门侧线路正极直流电流先减小后增加，随后在稳定值附近上下波动，线路负极直流电流先减小后增加，随后在稳定值附近上下波动，龙门侧线路正极直流电压持续减小到零后增加到 380 kV 附近波动，线路负极直流电压先减小后再增加，随后在 – 760 kV 附近波动，龙门换流站有功功率先迅速减小后再增加，在 – 2200 MW 附近上下波动，吸收的无功功率突然大幅增加后迅速减小。故障切除并经过一段时间后重启，正极直流电压恢复为稳定值的一半，正极直流电流、负极直流电压、直流电流、无功功率恢复为稳定值，有功功率恢复为原来的一半。

5.9　柳北站正极换流阀低压侧阀短路故障

进行柳北换流站正极换流阀低压侧阀短路故障前，所有稳态性能试验、保护跳闸试验已完成。在录波时间为 0.184 s 时柳北换流站正极换流阀低压侧发生阀短路故障，故障持续时间为 100 ms，随后切除故障。

当柳北换流站正极换流阀低压侧阀短路故障时，昆北侧正极阀侧交流电流、三相交流电压如图 5-121、图 5-122 所示，昆北侧线路直流电流、线路直流电压以及正极换流器触发角如图 5-123 ~ 图 5-125 所示。

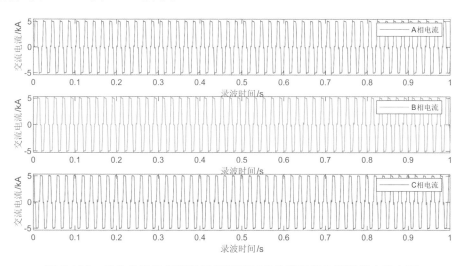

图 5-121　柳北站正极换流阀低压侧阀短路故障时昆北侧阀侧交流电流

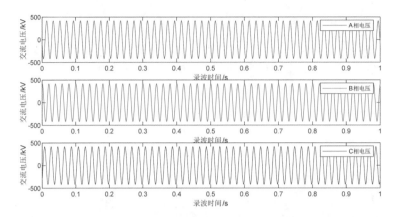

图 5-122　柳北站正极换流阀低压侧阀短路故障时昆北侧交流电压

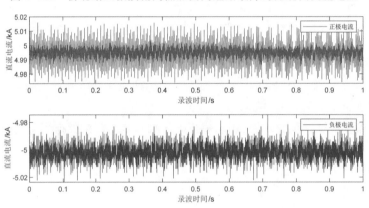

图 5-123　柳北站正极换流阀低压侧阀短路故障时昆北侧直流电流

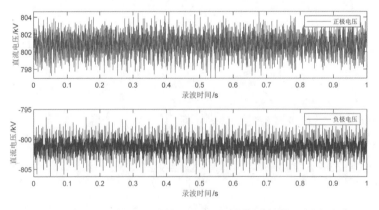

图 5-124　柳北站正极换流阀低压侧阀短路故障时昆北侧直流电压

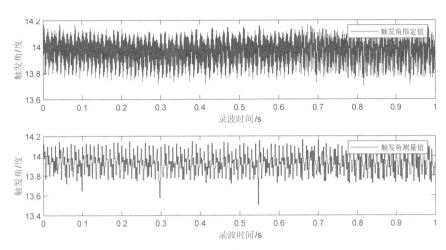

图 5-125 柳北站正极换流阀低压侧阀短路故障时昆北侧换流器触发角

当柳北换流站正极换流阀低压侧阀短路故障时，从图 5-121 和图 5-122 可以看出：昆北侧三相交流电压、正极阀侧交流电流基本不受影响。从图 5-123 ~ 图 5-125 可以看出：故障期间，昆北侧线路正极直流电流和负极电流基本不受影响。昆北侧线路正极直流电压和负极电压也基本不受影响。昆北侧正极换流器触发角指令值和换流器触发角测量值基本无明显变化。

当柳北换流站正极换流阀低压侧阀短路故障时，柳北侧三相交流电流、三相交流电压如图 5-126、图 5-127 所示，柳北侧线路直流电流、线路直流电压如图 5-128、图 5-129 所示，柳北换流站有功功率和无功功率如图 5-130 所示。

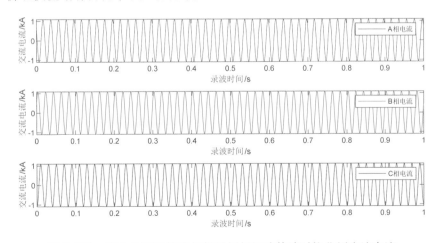

图 5-126 柳北站正极换流阀低压侧阀短路故障时柳北侧交流电流

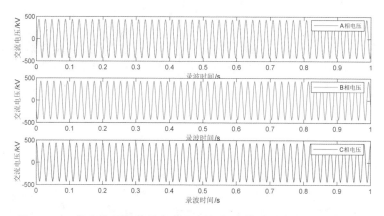

图 5-127　柳北站正极换流阀低压侧阀短路故障时柳北侧交流电压

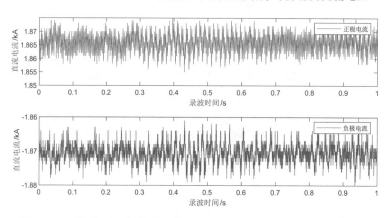

图 5-128　柳北站正极换流阀低压侧阀短路故障时柳北侧直流电流

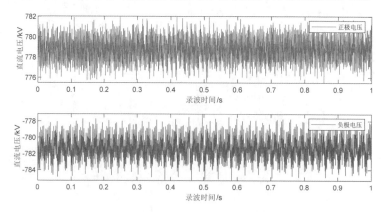

图 5-129　柳北站正极换流阀低压侧阀短路故障时柳北侧直流电压

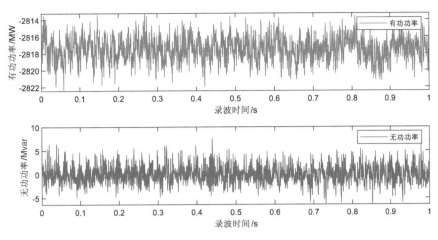

图 5-130　柳北站正极换流阀低压侧阀短路故障时柳北侧功率

当柳北换流站正极换流阀低压侧阀短路故障时，从图 5-126 和图 5-127 可以看出：柳北侧三相交流电流和三相交流电压基本不受影响。从图 5-128～图 5-130 可以看出：故障期间，柳北侧线路正极直流电流和负极电流基本无明显变化。柳北侧线路正极直流电压和负极电压也无明显变化。柳北换流站有功功率和无功功率在稳定值附近小幅度振荡。

当柳北换流站正极换流阀低压侧阀短路故障时，龙门侧三相交流电流、三相交流电压如图 5-131、图 5-132 所示，龙门侧线路直流电流、线路直流电压如图 5-133、图 5-134 所示，龙门换流站有功功率和无功功率如图 5-135 所示。

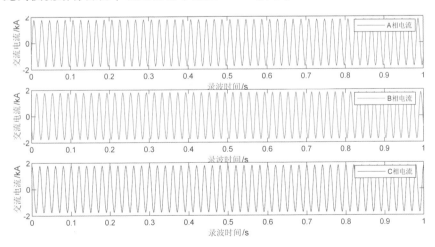

图 5-131　柳北站正极换流阀低压侧阀短路故障时龙门侧交流电流

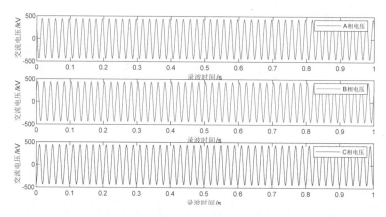

图 5-132 柳北站正极换流阀低压侧阀短路故障时龙门侧交流电压

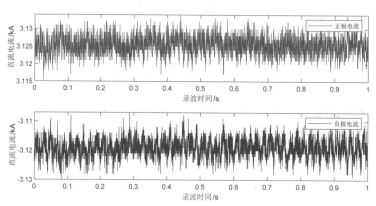

图 5-133 柳北站正极换流阀低压侧阀短路故障时龙门侧直流电流

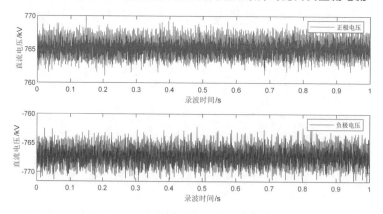

图 5-134 柳北站正极换流阀低压侧阀短路故障时龙门侧直流电压

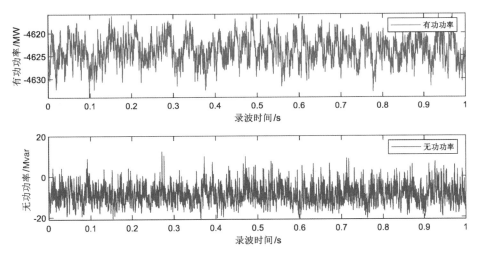

图 5-135 柳北站正极换流阀低压侧阀短路故障时龙门侧功率

当柳北换流站正极换流阀低压侧阀短路故障时，从图 5-131 和图 5-132 可以看出：龙门侧三相交流电流和三相交流电压基本不受影响。从图 5-133 ~ 图 5-135 可以看出：故障期间，龙门侧线路正极直流电流和负极电流基本无明显变化。龙门侧线路正极直流电压和负极电压也无明显变化。龙门换流站有功功率和无功功率在稳定值附近小幅度振荡。

5.10 负极汇流母线短路故障

进行负极汇流母线短路故障前，所有稳态性能试验、保护跳闸试验已完成。在录波时间为 0.184 s 时，龙门换流站汇流母线发生短路故障，故障持续时间为 100 ms，随后切除故障。

当负极汇流母线短路故障时，昆北换流站负极阀侧交流电流、三相交流电压如图 5-136、图 5-137 所示，昆北侧线路直流电流、线路直流电压以及负极换流器触发角如图 5-138 ~ 图 5-140 所示。

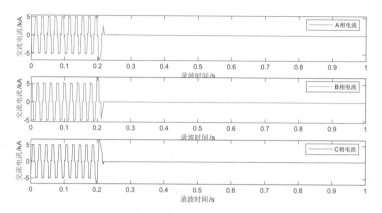

图 5-136　负极汇流母线短路故障时昆北侧阀侧交流电流

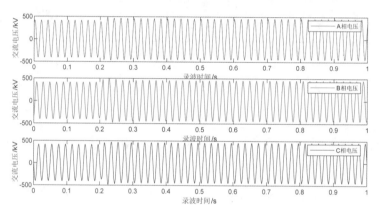

图 5-137　负极汇流母线短路故障时昆北侧交流电压

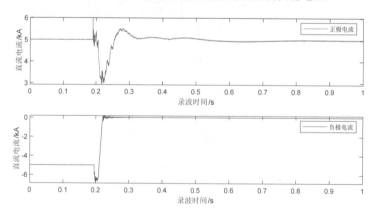

图 5-138　负极汇流母线短路故障时昆北侧直流电流

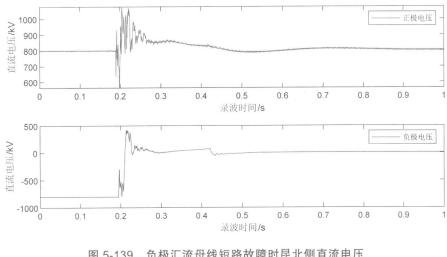

图 5-139　负极汇流母线短路故障时昆北侧直流电压

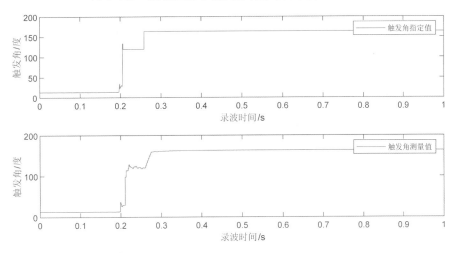

图 5-140　负极汇流母线短路故障时昆北侧触发角

当负极汇流母线短路故障时，从图 5-136 和图 5-137 可以看出：昆北换流站三相交流电压小幅度增加，负极阀侧三相交流电流小幅度增加后减小为 0，故障切除后昆北换流站负极未重启，负极阀侧交流电流未恢复。从图 5-138 ~ 图 5-140 可以看出：故障期间，昆北侧线路正极直流电流先迅速增加后快速减小，随后又缓慢增加至略大于额定值附近；负极电流先增加后迅速降低为 0；昆北侧线路正极直流电压先减小后快速增加，且发生短时振荡；负极电压先减小后小幅增加，随后快速减小，在 0 附近波动；昆北侧负极换流器触发角指令值先快速增至 120°附近，随后再次增至 165°附近，换流器触发角测量值基本随着触发角指令值的变化而发生改变。故障切除后，由于昆北换流站负极未重启、负极直流电压、直流电流、触发角未恢复，正极直流电压、直流电流恢复至稳定值。

　　当负极汇流母线短路故障时，柳北侧三相交流电流、三相交流电压如图 5-141、图 5-142 所示，柳北侧线路直流电流、线路直流电压如图 5-143、图 5-144 所示，柳北换流站有功功率和无功功率如图 5-145 所示。

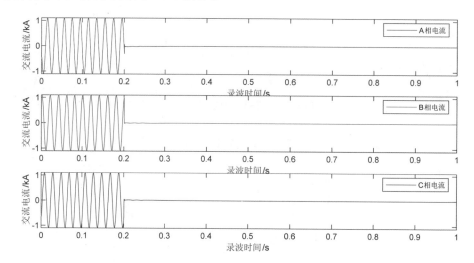

图 5-141　负极汇流母线短路故障时柳北侧交流电流

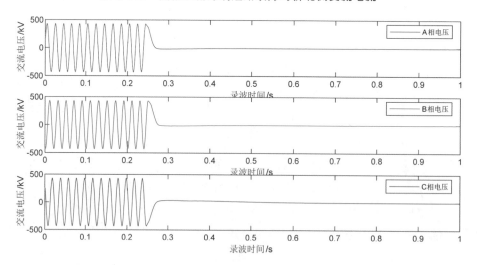

图 5-142　负极汇流母线短路故障时柳北侧交流电压

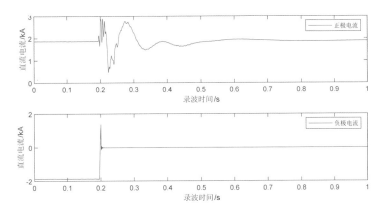

图 5-143 负极汇流母线短路故障时柳北侧直流电流

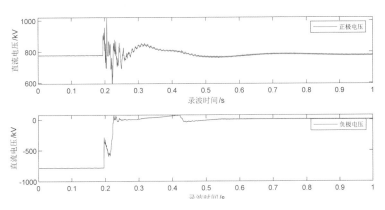

图 5-144 负极汇流母线短路故障时柳北侧直流电压

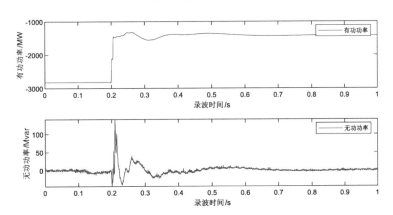

图 5-145 负极汇流母线短路故障时柳北侧功率

当负极汇流母线短路故障时，从图 5-141 和图 5-142 可以看出：柳北换流站三相交流电流、三相交流电压快速减小为 0；故障切除后，柳北换流站负极未重启，三相交流电流、三相交流电压未恢复。从图 5-143～图 5-145 可以看出：柳北侧线路正极直流电流先增加后快速减小，随后再次增加，且发生短时振荡，负极电流迅速下降到零。柳北侧线路正极直流电压先增加后快速减小，随后又逐渐增加，且发生短时振荡，负极电压迅速下降至零附近，柳北换流站有功功率迅速减小至稳定值的一半，且轻微波动，无功功率突然大幅增加后减小，故障切除后柳北侧线路正极直流电流、直流电压恢复至稳定值。由于柳北换流站负极未重启，线路负极直流电流、直流电压未恢复，有功功率为故障发生前的一半且保持稳定，无功功率恢复至稳定值。

当负极汇流母线短路故障时，龙门侧三相交流电流、三相交流电压如图 5-146、图 5-147 所示，龙门侧线路直流电流、线路直流电压如图 5-148、图 5-149 所示，龙门换流站有功功率和无功功率如图 5-150 所示。

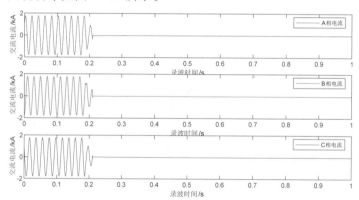

图 5-146　负极汇流母线短路故障时龙门侧交流电流

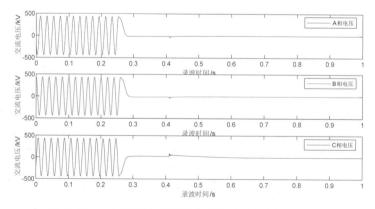

图 5-147　负极汇流母线短路故障时龙门侧交流电压

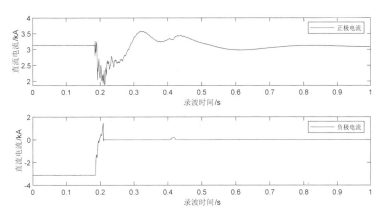

图 5-148 负极汇流母线短路故障时龙门侧直流电流

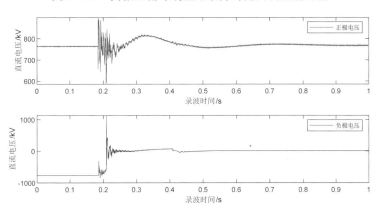

图 5-149 负极汇流母线短路故障时龙门侧直流电压

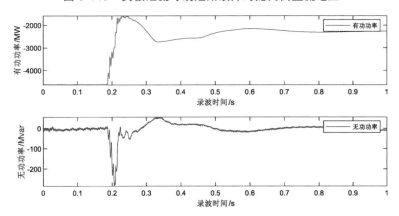

图 5-150 负极汇流母线短路故障时龙门侧功率

当负极汇流母线短路故障时，从图 5-146 和图 5-147 可以看出：龙门换流站三相交流电流、三相交流电压快速减小为 0；故障切除后，龙门换流站负极未重启，三相交流电流、三相交流电压未恢复。从图 5-148 ~ 图 5-150 可以看出：龙门侧线路正极直流电流先减小后快速增加，且发生短时振荡，负极电流迅速下降至零。柳北侧线路正极直流电压先增加后快速减小，随后又逐渐增加，且发生短时振荡，负极电压迅速下降至零附近，柳北换流站有功功率迅速减小至稳定值的一半，且轻微波动，无功功率突然大幅增加后减小，故障切除后柳北侧线路正极直流电流、直流电压恢复至稳定值。由于柳北换流站负极未重启，线路负极直流电流、直流电压未恢复，有功功率为故障发生前的一半且保持稳定，无功功率恢复至稳定值。

5.11　正极线路柳龙段 25%处短路故障

进行正极线路柳龙段 25%处短路故障前，所有稳态性能试验、保护跳闸试验已完成。在录波时间为 0.184 s 时，正极线路柳龙段 25%处发生短路故障，故障持续时间为 100 ms，随后切除故障。

当正极线路柳龙段 25%处短路故障时，昆北侧正极阀侧交流电流、三相交流电压如图 5-151、图 5-152 所示，昆北侧线路直流电流、线路直流电压以及正极换流器触发角如图 5-153 ~ 图 5-155 所示。

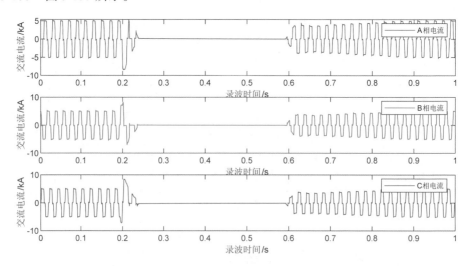

图 5-151　正极线路柳龙段 25%处短路故障时昆北侧阀侧交流电流

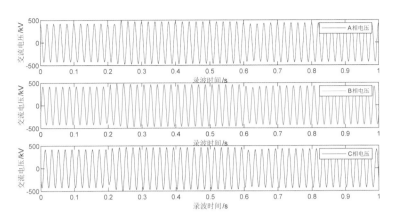

图 5-152　正极线路柳龙段 25%处短路故障时昆北侧交流电压

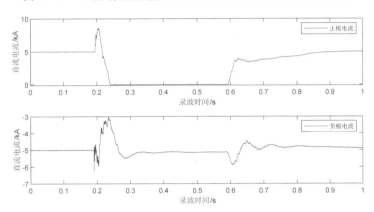

图 5-153　正极线路柳龙段 25%处短路故障时昆北侧直流电流

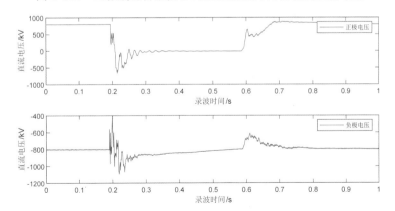

图 5-154　正极线路柳龙段 25%处短路故障时昆北侧直流电压

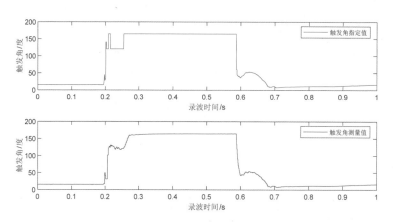

图 5-155 正极线路柳龙段 25%处短路故障时昆北侧换流器触发角

当正极线路柳龙段 25%处短路故障时，从图 5-151 和图 5-152 可以看出：昆北换流站三相交流电压小幅增加，正极阀侧三相交流电流迅速下降至零，故障切除并经过一段时间重启后，昆北换流站三相交流电压、正极阀侧交流电流恢复至稳定值。从图 5-153 ~ 图 5-155 可以看出：故障期间，昆北侧线路正极直流电流先增加后快速减小为 0，线路负极电流先增加后快速减小，随后再次增加至稳定值附近，线路正极直流电压迅速减小并在 0 附近波动，随后增加至稳定值，负极电压先减小后增加，并在稳定值附近上下波动，昆北侧换流器触发角指令值迅速上升至 120°附近，随后再次增加至 165°附近，换流器触发角测量值基本随着指令值变化而发生改变。故障切除并经过一段时间后重启，直流电流、直流电压、触发角均恢复到稳定值。

当正极线路柳龙段 25%处短路故障时，柳北侧三相交流电流、三相交流电压如图 5-156、图 5-157 所示，柳北侧线路直流电流、线路直流电压如图 5-158、图 5-159 所示，柳北换流站有功功率和无功功率如图 5-160 所示。

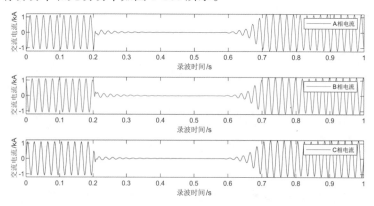

图 5-156 正极线路柳龙段 25%处短路故障时柳北侧交流电流

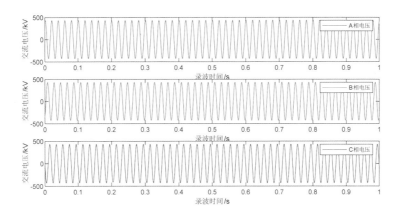

图 5-157　正极线路柳龙段 25%处短路故障时柳北侧交流电压

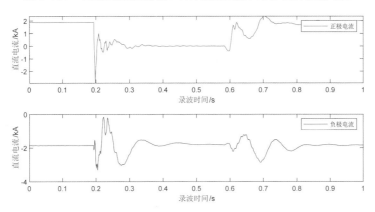

图 5-158　正极线路柳龙段 25%处短路故障时柳北侧直流电流

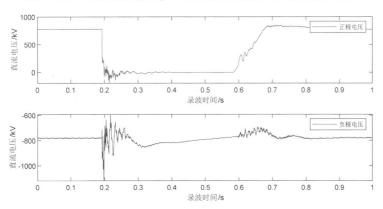

图 5-159　正极线路柳龙段 25%处短路故障时柳北侧直流电压

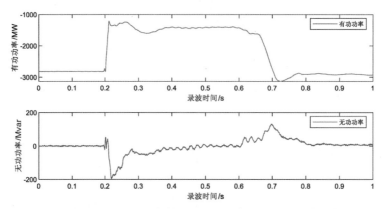

图 5-160　正极线路柳龙段 25%处短路故障时柳北侧功率

当正极线路柳龙段 25%处短路故障时，从图 5-156 和图 5-157 可以看出：柳北侧三相交流电压基本不受影响，三相交流电流迅速下降至零；故障切除并经过一段时间后重启，交流系统电流、电压恢复至稳定值。从图 5-158、图 5-159、图 5-160 可以看出：故障期间，柳北侧线路正极直流电流先减小又增加至 0 附近，随后发生短时振荡，负极电流先减小后快速增加，接着又减小增加至稳定值附近，且发生剧烈波动，柳北侧线路正极直流电压迅速减小至零，且发生短时振荡，负极电压轻微减小后快速增加，随后又减小至稳定值附近，且剧烈波动，柳北换流站有功功率先快速减小至稳定值的一半并轻微波动，无功功率先减小又逐渐增加。故障切除并经过一段时间后重启，柳北侧线路直流电流、直流电压恢复至稳定值，柳北换流站有功功率、无功功率恢复至稳定值。

当正极线路柳龙段 25%处短路故障时，龙门侧三相交流电流、三相交流电压如图 5-161、图 5-162 所示，龙门侧线路直流电流、线路直流电压如图 5-163、图 5-164 所示，龙门换流站有功功率和无功功率如图 5-165 所示。

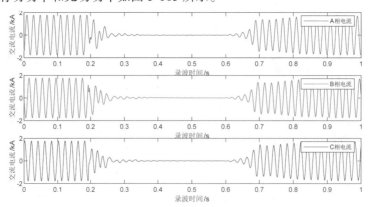

图 5-161　正极线路柳龙段 25%处短路故障时龙门侧交流电流

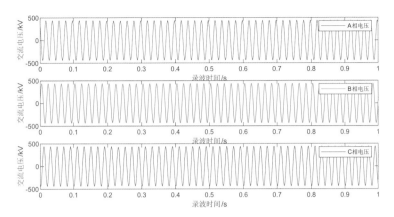

图 5-162　正极线路柳龙段 25%处短路故障时龙门侧交流电压

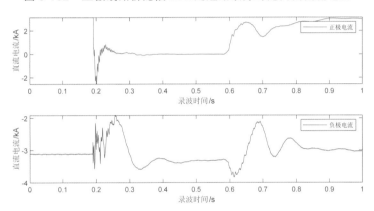

图 5-163　正极线路柳龙段 25%处短路故障时龙门侧直流电流

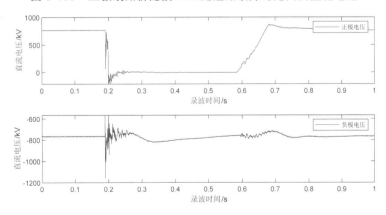

图 5-164　正极线路柳龙段 25%处短路故障时龙门侧直流电压

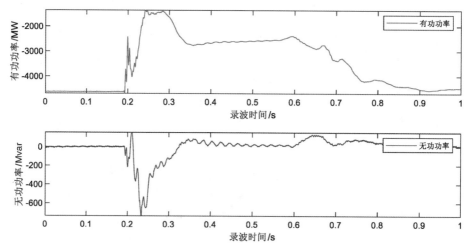

图 5-165　正极线路柳龙段 25%处短路故障时龙门侧功率

当正极线路柳龙段 25%处短路故障时，从图 5-161 和图 5-162 可以看出：龙门侧三相交流电压基本不受影响，三相交流电流迅速下降至零；故障切除并经过一段时间后重启，交流系统电流、电压恢复至稳定值。从图 5-163 ~ 图 5-165 可以看出：故障期间，龙门侧线路正极直流电流先减小后又增加到 0 附近，随后再次增加至稳定值附近波动，负极电流先减小后快速增加，接着又减小增加至稳定值附近，且发生剧烈波动；龙门侧线路正极直流电压迅速减小至零，且发生短时振荡，负极电压突然减小后快速增加，且发生剧烈振荡，龙门换流站有功功率先快速减小后增加，随后稳定在 – 2700 MW 附近，无功功率先减小又逐渐增加。故障切除并经过一段时间龙门换流站重启，龙门侧线路直流电流、直流电压恢复至稳定值，龙门换流站有功功率、无功功率恢复至稳定值。

5.12　负极线路柳龙段中点处短路故障

进行负极线路柳龙段中点处短路故障前，所有稳态性能试验、保护跳闸试验已完成。在录波时间为 0.184 s 时，负极线路柳龙段中点处发生短路故障，故障持续时间为 100 ms，随后切除故障。

当负极线路柳龙段中点处短路故障时，昆北侧负极阀侧交流电流、三相交流电压如图 5-166、图 5-167 所示，昆北侧线路直流电流、线路直流电压以及负极换流器触发角如图 5-168 ~ 图 5-170 所示。

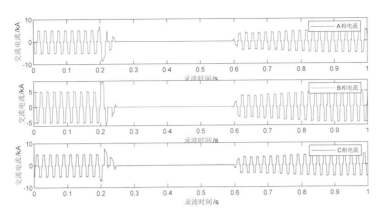

图 5-166 负极线路柳龙段中点处短路故障时昆北侧阀侧交流电流

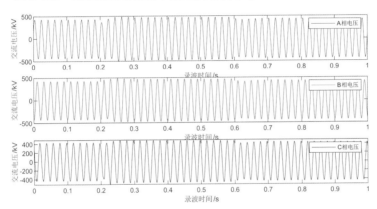

图 5-167 负极线路柳龙段中点处短路故障时昆北侧交流电压

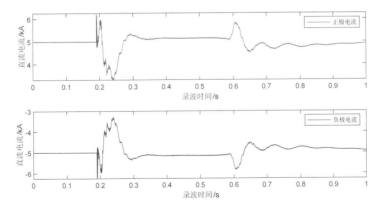

图 5-168 负极线路柳龙段中点处短路故障时昆北侧直流电流

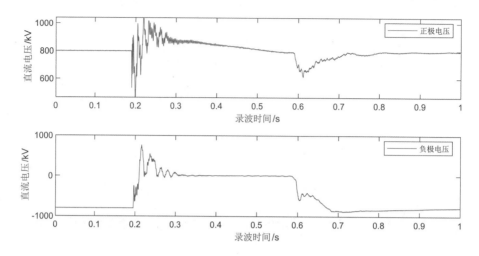

图 5-169　负极线路柳龙段中点处短路故障时昆北侧直流电压

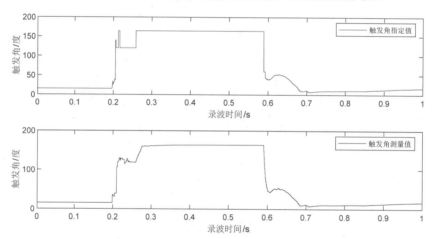

图 5-170　负极线路柳龙段中点处短路故障时昆北侧换流器触发角

当负极线路柳龙段中点处短路故障时，从图 5-166 和图 5-167 可以看出：昆北换流站三相交流电压小幅增加，负极阀侧三相交流电流迅速下降至零；故障切除并经过一段时间重启后，昆北换流站三相交流电压、负极阀侧交流电流恢复至稳定值。从图 5-168～图 5-170 可以看出：故障期间，昆北侧线路正极直流电流先增加后快速减小，且发生短时振荡，线路负极电流先增加后快速减小，随后再次增加至稳定值附近，线路正极直流电压先减小后增加，且发生短时振荡，负极电压先减小后增加，且稳定在 0 附近，昆北侧换流器触发角指令值迅速上升到 120°附近，随后再次增加到 165°附近，换流器触发角测量值基本随着指令值变化而发生改变。故障切除并经过一段时间后重启，直流电流、直流电压、触发角均恢复到稳定值。

当负极线路柳龙段中点处短路故障时，柳北侧三相交流电流、三相交流电压如图5-171、图5-172所示，柳北侧线路直流电流、线路直流电压如图5-173、图5-174所示，柳北换流站有功功率和无功功率如图5-175所示。

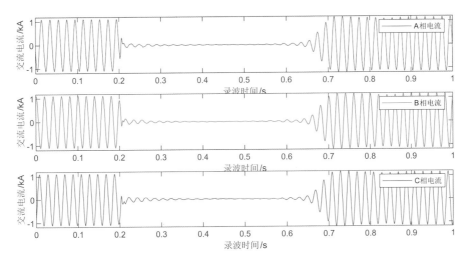

图 5-171　负极线路柳龙段中点处短路故障时柳北侧交流电流

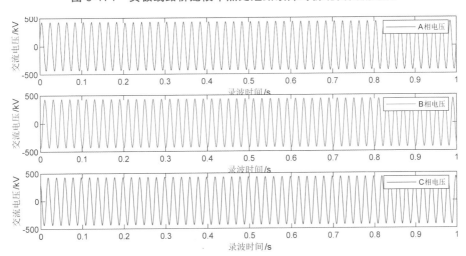

图 5-172　负极线路柳龙段中点处短路故障时柳北侧交流电压

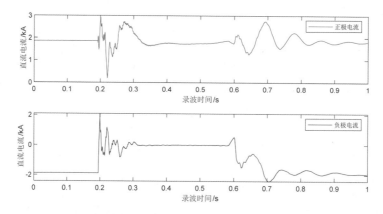

图 5-173　负极线路柳龙段中点处短路故障时柳北侧直流电流

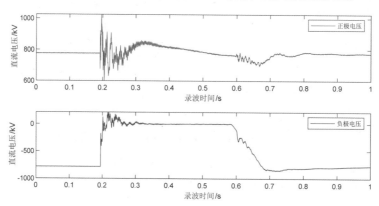

图 5-174　负极线路柳龙段中点处短路故障时柳北侧直流电压

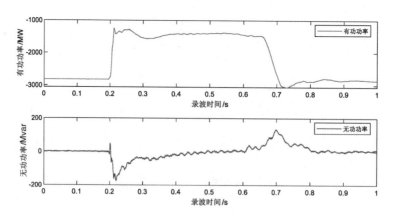

图 5-175　负极线路柳龙段中点处短路故障时柳北侧功率

当负极线路柳龙段中点处短路故障时，从图 5-171 和图 5-172 可以看出：柳北侧三相交流电压基本不受影响，三相交流电流迅速下降至零；故障切除并经过一段时间后重启，交流系统电流、电压恢复至稳定值。从图 5-173～图 5-175 可以看出：故障期间，柳北侧线路正极直流电流先增加后减小，随后发生短时振荡，负极电流先减小后快速增加，接着又减小至 0 附近波动，柳北侧线路正极直流电压先增加后减小，且发生短时振荡，负极电压迅速减小至 0 附近波动，柳北换流站有功功率先快速减小至稳定值的一半并轻微波动，无功功率先增加后又逐渐减小，故障切除并经过一段时间后重启，柳北侧线路直流电流、直流电压恢复至稳定值，柳北换流站有功功率、无功功率恢复至稳定值。

当负极线路柳龙段中点处短路故障时，龙门侧三相交流电流、三相交流电压如图 5-176、图 5-177 所示，龙门侧线路直流电流、线路直流电压如图 5-178、图 5-179 所示，龙门换流站有功功率和无功功率如图 5-180 所示。

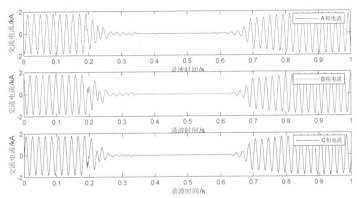

图 5-176　负极线路柳龙段中点处短路故障时龙门侧交流电流

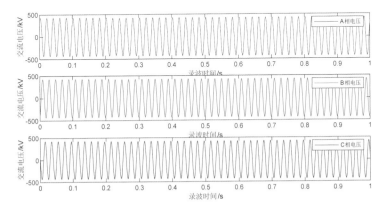

图 5-177　负极线路柳龙段中点处短路故障时龙门侧交流电压

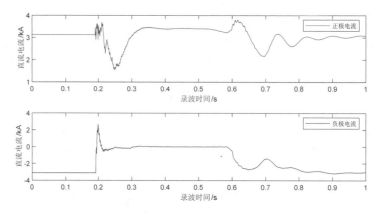

图 5-178　负极线路柳龙段中点处短路故障时龙门侧直流电流

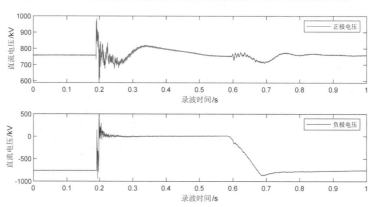

图 5-179　负极线路柳龙段中点处短路故障时龙门侧直流电压

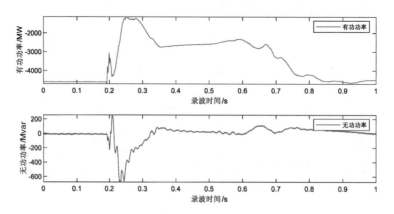

图 5-180　负极线路柳龙段中点处短路故障时龙门侧功率

当负极线路柳龙段中点处短路故障时，从图 5-176 和图 5-177 可以看出：龙门侧三相交流电压基本不受影响，三相交流电流迅速下降至零，故障切除并经过一段时间后重启，交流系统电流、电压恢复至稳定值。从图 5-178 ~ 图 5-180 可以看出：故障期间，龙门侧线路正极直流电流先增加后迅速减小，随后再次增加至稳定值附近波动，负极电流先减小后增加，接着又减小至 0 附近波动，龙门侧线路正极直流电压先增加后迅速减小，且发生短时振荡，负极电压突然减小至 0 附近，且发生短时振荡，龙门换流站有功功率先快速减小后增加，随后稳定在 – 2700 MW 附近，无功功率在 0 附近剧烈波动。故障切除并经过一段时间后，龙门换流站重启，龙门侧线路直流电流、直流电压恢复至稳定值，龙门换流站有功功率、无功功率恢复至稳定值。

参考文献

[1] 赵畹君. 高压直流输电工程技术[M]. 北京：中国电力出版社，2004.

[2] 李兴源. 高压直流输电系统的运行和控制[M]. 北京：科学出版社，1998.

[3] 孙华东，王琦，卜广全，等. 中国智能输电系统发展现状分析及建议[J]. 电网技术，2010（02）:1-6.

[4] 浙江大学发电教研组直流输电科研组编. 直流输电[M]. 北京：水利电力出版社，1985.

[5] COMMITTEE D. Guide for Planning DC Links Terminating at AC Locations Having Low Short-Circuit Capacities[J]. IEEE，1997.

[6] 徐政. 交直流电力系统动态行为分析[M]. 北京：机械工业出版社，2004.

[7] 徐政. 柔性直流输电系统[M]. 北京：机械工业出版社，2013.

[8] VIJAY K. S. 高压直流输电与柔性交流输电控制装置：静止换流器在电力系统中的应用[M]. 徐政，译. 北京：机械工业出版社，2006.

[9] 刘振亚. 特高压直流输电技术研究成果专辑[M]. 北京：中国电力出版社，2006.

[10] 刘振亚. 特高压电网[M]. 北京：中国经济出版社，2005.

[11] 张文亮，于永清，李光范，等. 特高压直流技术研究[J]. 中国电机工程学报，2007，27（022）：1-7.

[12] 袁清云. 特高压直流输电技术现状及在我国的应用前景[J]. 电网技术，2005（14）：1-3.

[13] 徐政，陈海荣. 电压源换流器型直流输电技术综述[J]. 高电压技术，2007（1）：14-16.

[14] 郭春义，赵成勇，赵剑，等. 混合直流输电[M]: 北京：科学出版社，2014.

[15] 张文亮，汤涌，曾南超. 多端高压直流输电技术及应用前景[J]. 电网技术，2010（09）：1-6.

[16] 李笑倩，宋强，刘文华，等. 采用载波移相调制的模块化多电平换流器电容电压

平衡控制[J]. 中国电机工程学报，2012（09）：49-55.

[17] 郭春义，赵成勇，Allan M，等. 混合双极高压直流输电系统的特性研究[J]. 中国电机工程学报，2012，10（32）：98-100.

[18] 赵成勇. 双馈入直流输电系统中 VSC-HVDC 的控制策略[J]. 中国电机工程学报，28（7）：74-76.

[19] 雷霄，王华伟，曾南超，等. 并联型多端高压直流输电系统的控制与保护策略及仿真[J]. 电网技术，2012，36（002）：244-249.

[20] 许烽，徐政，傅闯. 多端直流输电系统直流侧故障的控制保护策略[J]. 电力系统自动化，2012（06）：74-78.

[21] 胡静. 基于 MMC 的多端直流输电系统控制方法研究[D]. 保定：华北电力大学，2013.

[22] 刘洪涛，李建设，苏寅生，等. 云-广 ±800 kV 直流输电工程控制系统的特点[J]. 南方电网技术，2010，4（002）：35-38.

[23] 段玉倩，黎小林，饶宏，等. 云-广特高压直流输电系统直流滤波器性能的若干问题[J]. 电力系统自动化，2007，31（008）：90-94.

[24] 刘莉芸. 特高压多端直流输电工程在大规模电力系统中的应用[D]. 杭州：浙江大学，2014.

[25] 饶宏，洪潮，周保荣，等. 乌东德特高压多端直流工程受端采用柔性直流对多直流集中馈入问题的改善作用研究[J]. 南方电网技术，2017（3）：41-44.

[26] 游广增，李玲芳，朱欣春，等. 云南电网对乌东德多端直流适应性分析[J]. 广东电力，2018，031（009）：32-38.

[27] 张凤鸽，文明浩，刘铁，等. 特高压三端直流输电线路的动态物理模拟[J]. 高电压技术，2020，46（06）：217-224.

[28] 梅勇，谢惠藩，周剑，付超，刘洪涛. 特高压三端混合直流功率分配方案[J]. 南方电网技术，2020，131（11）：7-11.

[29] 乐健，胡仁喜. PSCAD X4 电路设计与仿真从入门到精通[M]. 北京：机械工业出版社，2015.

[30] 李学生. PSCAD 建模与仿真[M]. 北京：中国电力出版社，2013.

[31] 赵成勇. 柔性直流输电建模和仿真技术[M]. 北京：中国电力出版社，2014.

[32] 陈仕龙，束洪春，叶波，等. 云广±800 kV 特高压直流输电系统精确建模及仿真[J]. 昆明理工大学学报（自然科学版），2012，000（002）：43-48，60.

[33] 薛英林，徐政，潘武略，等. 电流源型混合直流输电系统建模与仿真[J]. 电力系统自动化，2012（09）：98-103.

[34] 许德操，韩民晓，丁辉，等. 基于 PSASP 的直流系统用户自定义建模[J]. 电力系统自动化，2007，31（6）：71-76.

[35] 任震，欧开健，荆勇，等. 基于 PSCAD/EMTDC 软件的直流输电系统数字仿真[J]. 电力自动化设备，2002，22（009）：11-12.

[36] 潘丽珠，韩民晓，文俊，等. 基于 EMTDC 的 HVDC 极控制的建模与仿真[J]. 高电压技术，2006，32（009）：22-24.

[37] 陈文滨，张尧，叶葱，等. 基于 EMTDC 的高压直流输电控制系统的仿真[J]. 广东电力，2009，022（007）：4-7.

[38] 张民，贺仁睦，孙哲，等. 基于 PSCAD/EMTDC 的直流控制保护系统仿真平台及其在直流工程中的应用[J]. 电力系统保护与控制，2013（03）：112-117.

[39] 王彩芝，姜映辉，王俊江，等. 基于 PSCAD/EMTDC 的 HVDC 接地极线路故障仿真[J]. 中国电力，2014（2）：69-72.

[40] 余志豪，许傲然，谷采连，等. 基于 PSCAD/EMTDC 的 VSC—HVDC 直流输电线路的故障仿真[J]. 控制工程，2016，23（002）：299-302.

[41] 陈仕龙. 云广特高压直流输电线路故障仿真分析及暂态保护研究[Z]. 昆明理工大学研究生院，2012.

[42] 陈仕龙，束洪春，甄颖. 云广特高压直流输电负极运行换相失败及控制研究[J]. 电力自动化设备，2013，33（6）：128-133.

[43] 马玉龙，肖湘宁，姜旭. 交流系统接地故障对 HVDC 的影响分析[J]. 中国电机工程学报，2006（11）：144-149.

[44] 杨秀，陈鸿煜，靳希. 高压直流输电系统动态恢复特性的仿真研究[J]. 高电压技

术，2006，032（009）：11-14.

[45] 孙晓云，同向前，尹军. 电压源换流器高压直流输电系统中换流器故障仿真分析及其诊断[J]. 高电压技术，2012（06）：1383-1390.

[46] 陈文滨，张尧，叶葱，等. 基于 EMTDC 的高压直流输电控制系统的仿真[J]. 广东电力，2009，022（007）：4-7.

[47] 王智冬. ±800 kV 特高压直流输电内过电压仿真研究[D]. 北京：华北电力大学，2007.

[48] 张建坡，赵成勇，黄晓明，等. 基于模块化多电平高压直流输电系统接地故障特性仿真分析[J]. 电网技术，2014，38（10）：2658-2664.